Hermann von Helmholtz

Über die Theorie der Elektrodynamik

Die elektrodynamischen Kräfte in bewegten Leitern

Hermann von Helmholtz

Über die Theorie der Elektrodynamik
Die elektrodynamischen Kräfte in bewegten Leitern

ISBN/EAN: 9783741158032

Hergestellt in Europa, USA, Kanada, Australien, Japan

Cover: Foto ©berggeist007 / pixelio.de

Hermann von Helmholtz

Über die Theorie der Elektrodynamik

Ueber die Theorie der Elektrodynamik.

Dritte Abhandlung.

Die elektrodynamischen Kräfte in bewegten Leitern.

(Von Herrn *H. Helmholtz.*)

Meine Abhandlung im 72. Bande dieses Journals behandelt die elektrodynamischen Wirkungen nur in ruhenden leitenden Körpern; in solchen beschränken sich die genannten Wirkungen auf die Induction elektromotorischer Kräfte. Dieser Fall erschien als der verhältnissmässig einfachste für die theoretische Behandlung, weil die bestehende elektrische Bewegung irgend einen Arbeitswerth, das heisst ein *Potential,* nothwendig haben muss, und der Werth desselben für geschlossene Stromleiter als wohlbekannt angesehen werden durfte. Der Zweck jener Arbeit war ein wesentlich praktischer; es handelte sich darum zu untersuchen, welche verschiedenen Formen der Werth der elektrodynamischen Energie für ungeschlossene Ströme etwa noch haben konnte, wenn man ihn für geschlossene Ströme durch die von *F. E. Neumann* dem Vater (beziehlich durch *Gauss* *)) gegebenen Ausdrücke als bekannt ansieht; ferner bei welcher Art von Versuchen sich möglicher Weise Unterschiede zeigen könnten, welche von den noch unbestimmten Theilen des Ausdrucks herrührten. Hielt man an der Wahrscheinlichkeit fest, dass gewisse allgemeinste Eigenschaften der bekannten Theile der gesuchten Ausdrücke auch den noch unbekannten zukommen würden, so liess sich das, was zweifelhaft blieb, auf den unbekannt bleibenden Werth einer Constanten k zurückführen, welche in der Lehre von der Elektrodynamik etwa dieselbe Rolle spielt, wie in der Lehre von der Elasticität diejenige Constante, welche das Verhältniss zwischen dem Widerstande gegen Compression und dem gegen Schiebung der Schichten angiebt. Ueber diese Constante ergab die Untersuchung nur soviel, dass sie nicht negativ sein dürfe (ebenso wenig, wie die genannte Constante der Elasticität), weil sonst das Gleichgewicht der ruhenden Elektricität in einem ruhenden Leiter labil würde, und sich dann die Möglichkeit elektrischer Be-

---

*) *Gauss* Werke, Bd. V., S. 610 u. 613. Die nachgelassenen Papiere aus dem Jahre 1835 enthalten den Werth des elektrodynamischen Potentials.

wegungen ergeben hätte, deren Arbeitswerth geringer gewesen wäre als der des Ruhezustandes.

Ich habe in jener Arbeit die von Herrn *F. E. Neumann* in die Wissenschaft einmal eingeführten Bezeichnungen beibehalten. Die Grösse, die in demselben Sinne wie die lebendige Kraft ponderabler bewegter Massen das der elektrischen Bewegung entsprechende Quantum von Energie angiebt, und die man deshalb mit *Cl. Maxwell* auch passend die *actuelle Energie der elektrischen Bewegung* nennen kann, ist gleich dem *negativen Werthe des von Neumann senior definirten elektrodynamischen Potentials,* und nur in diesem Sinne ist letzterer Ausdruck an den meisten Stellen jener Arbeit beibehalten worden.

Der genannte Begriff wird also daselbst ohne jede Beziehung auf die bei Bewegungen von Leitern eintretenden elektrodynamischen Erscheinungen gebraucht, und seine Anwendung bleibt unberührt durch die Einwände, welche seitdem von mehreren Physikern und Mathematikern gegen eine erweiterte Anwendung desselben auf die von Leitern elektrischer Ströme gegen einander ausgeübten Bewegungskräfte (*ponderomotorische Kräfte* nach Herrn *C. Neumann* juniors zweckmässiger Nomenclatur) erhoben worden sind. Letzteres entspricht einer anderen Bedeutung des elektrodynamischen Potentials, die mit der erst erwähnten nicht nothwendig verbunden ist, sich aber historisch zuerst entwickelt und die Terminologie bestimmt hat. Danach spielt das elektrodynamische Potential den ponderomotorischen Kräften zweier linearer Stromleiter gegenüber dieselbe Rolle, wie das magnetische oder elektrostatische Potential den magnetischen oder elektrischen Anziehungskräften gegenüber. Es giebt in diesem Sinne die potentielle Energie der ponderomotorischen Kräfte elektrodynamischen Ursprungs an, welche, wenn die Stromstärken in den leitenden Fäden unverändert bleiben, bei den Bewegungen der Leiter in mechanische Arbeit verwandelt werden kann. Und zwar *ist die bei einer bestimmten Verschiebung der Leiter und bei unverändert gebliebenen Stromintensitäten von den ponderomotorischen Kräften elektrodynamischen Ursprungs geleistete Arbeit gleich zu setzen der Differenz, um welche der Werth des elektrodynamischen Potentials während dieser Verschiebung kleiner geworden ist.* Bei diesem Gebrauche des Potentialbegriffs ist also die Rede von einer besonderen Art von Arbeit (der mechanischen bei Bewegung der Leiter geleisteten), welche unter besonderen beschränkenden Bedingungen (Constanz der Stromintensitäten) geleistet werden kann. Wenn wir in dem Sinne meiner früheren Arbeit das negativ genommene elektrodynamische Potential gleich der actuellen Energie der elektrischen Bewegung setzen, so ist dabei keine Beschränkung weder der einen noch der andern Art zu machen nöthig. Der Beweis, dass das elektrodynamische Potential negativ genommen das Arbeitsäquivalent der elektrischen Bewegung ausdrücke, ist allerdings dort nur geführt worden unter der Voraussetzung, dass die elektrischen Ströme ohne Bewegung der Leiter verlaufen und erlöschen. Die Wärme, welche dabei in den durchströmten Leitern entwickelt wird, ergiebt sich als das Aequivalent jenes Arbeitswerthes. Dadurch ist aber die Bedeutung jener Grösse als eines Arbeitsäquivalents ein für alle Mal festgestellt.

Die Aufgabe des vorliegenden Aufsatzes ist nun, den Umfang festzustellen, in welchem die andere und ursprünglichere Bedeutung des elektrodynamischen Potentials als eines Potentials der ponderomotorischen Kräfte den vorhandenen Thatsachen gegenüber zulässig erscheint.

Die Hypothese, dass die ponderomotorischen Kräfte elektrodynamischen Ursprungs, wenn die Intensität sämmtlicher elektrischer Strömungen in deren materiellen leitenden Fäden constant bleibt, ein Potential haben, können wir mit dem von Herrn *C. Neumann* angewendeten Namen kurz das *Potentialgesetz der ponderomotorischen elektrodynamischen Kräfte* nennen. Ist der Werth des Potentials gegeben, und wird ferner die Hypothese gemacht, dass die Grösse und Richtung der genannten ponderomotorischen Kräfte unabhängig von den gleichzeitig erfolgenden virtuellen oder actuellen Verschiebungen der Leiterelemente sei, so ist dadurch die Grösse dieser Kräfte vollständig bestimmt.

Thatsächlich bekannt ist die Grösse der ponderomotorischen Kräfte bisher erst für die Wirkungen von je zwei oder mehreren geschlossenen Strömen auf einander, und für die Wirkungen eines geschlossenen Stroms auf seine einzelnen Theile. Wir dürfen das *Ampère*sche Gesetz als einen thatsächlich richtigen gesetzlichen Ausdruck dieses bis jetzt bekannten Bereichs von Erscheinungen ansehen.

Wir werden also zunächst nachzuweisen haben, dass für geschlossene Ströme bei beliebiger Biegsamkeit, Dehnbarkeit und Verschiebbarkeit der Leiterstücke die Berechnung der ponderomotorischen Kräfte aus dem Potentialgesetze genau dieselben Werthe giebt, wie die aus dem *Ampère*schen Gesetze.

Dieser Nachweis ist von Herrn *F. E. Neumann* *) selbst nur gegeben

---

*) Ueber ein allgemeines Prinzip der mathematischen Theorie inducirter elektrischer Ströme. Berlin 1848. — Abhandl. d. Berliner Akademie 1847.

worden für den Fall, dass die betreffenden Stromleiter linear sind, und jeder von ihnen unveränderliche Form und Grösse hat. Vergegenwärtigt man sich den Zustand der mathematischen Theorie der elektrischen Vorgänge zur Zeit der Veröffentlichung dieses Beweises, so ist leicht zu verstehen, warum der Autor desselben in seiner vorsichtigen, an wohlbestätigten Thatsachen streng festhaltenden Weise sich jene Beschränkungen auferlegte, und die Tragweite seines wichtigen und fruchtbaren Gesetzes, welches die ganze Elektrodynamik zu umfassen fähig war, zunächst noch so eng abgrenzte. Zu jener Zeit war nämlich die Theorie der Vertheilung elektrischer Ströme in Leitern von drei Dimensionen noch nicht durchgearbeitet, also konnten auch die Wirkungen der elektrodynamischen Induction auf nicht lineare Leiter noch nicht behandelt werden. Das Potential eines Leiters auf sich selbst wird aber unendlich gross, wenn man ihn als eine Linie im strengen Sinne des Worts betrachtet, und die Kräfte, welche die Theile eines seine Form verändernden Leiters auf einander ausüben, lassen sich nicht behandeln, ehe der Werth des Potentials, welches er auf sich selbst ausübt, sicher berechnet werden kann.

Was im Jahre 1847 mangelte, ist jetzt geleistet, ist theoretisch und experimentell durchgearbeitet zum grossen Theil durch Herrn *Neumann* senior selbst und seine Schüler, so dass, was an dem damals gegebenen Beweise fehlte, jetzt verhältnissmässig leicht zu ergänzen ist. Die mathematischen Methoden dafür waren durch die früheren Arbeiten gegeben, und ich würde kaum gewagt haben für eine solche Arbeit den Platz in diesem Journale in Anspruch zu nehmen, wenn nicht die Schwierigkeiten, auf welche die Herren *J. Bertrand* *), *C. Neumann* **) und *Riecke* ***) bei der Anwendung des Potentialgesetzes gestossen sind, und die Einwände, die sie daraus hernehmen zu dürfen glaubten, mir gezeigt hätten, dass eine methodische Durchführung des Beweises mit Beseitigung der früheren beschränkenden Annahmen wünschenswerth und nützlich sein würde.

Die Einwände der letztgenannten beiden Herren beziehen sich auf die Erscheinungen an Stromkreisen mit Gleitstellen. Eine vollständig genügende Behandlung dieser Fälle ist nur zu geben, wenn man die Werthe der Kräfte

---

*) Comptes Rendus de l'Acad. d. Sc. 1872, 14 Octobre; 1873, 3 et 10 Novembre.

**) Berichte der Königl. Sächs. Ges. d. Wiss. 1872, 3. August. — Mathematische Annalen Bd. V, 602.

***) Göttinger Nachrichten. 1872, 24. August.

in Leitern von drei Dimensionen schon bestimmt hat. Bei den wirklich ausführbaren Versuchen mit Gleitstellen haben wir immer eine flüssige Schicht (Quecksilber, elektrolytische Flüssigkeiten oder auch wohl elektrische Funken und Lichtbogen) zwischen den Leitern, welche einen continuirlichen Uebergang der Bewegung vom einen zum anderen Leiter herstellen, so dass auch an der Gleitstelle die Componenten der Geschwindigkeit continuirliche Functionen der Coordinaten bleiben. Dies letztere muss vorausgesetzt werden, wenn das Potentialgesetz überhaupt anwendbar sein soll. Nun lässt sich aber zeigen, dass die Wirkung einer sehr dünnen Uebergangsschicht dieser Art von ihrer Dicke unabhängig ist, und sich auch nicht ändert, wenn letztere verschwindend klein wird, so dass die Componenten der Geschwindigkeit an der Gleitfläche discontinuirlich werden. Daraus ergiebt sich dann, wie man die Sache zu behandeln hat, wenn man zur Vereinfachung der Rechnung die mathematische Fiction einer absoluten Discontinuität der Bewegung einführen will. Wenn man diese Discontinuität analytisch richtig behandelt, als Grenze eines continuirlichen Ueberganges, so ergiebt das Potentialgesetz genau dieselben Folgerungen wie das *Ampère*sche, die auch in guter Uebereinstimmung mit den bekannten Thatsachen sind.

Während für geschlossene Stromkreise die genannten beiden Gesetze die vollkommenste Uebereinstimmung zeigen bei ganz beliebigen Formveränderungen der Leiter, so unterscheiden sie sich von einander in Bezug auf die ponderomotorischen Wirkungen an ungeschlossenen Leitern. Ungeschlossene Leiter haben Enden, und diese Enden sind dadurch charakterisirt, dass an ihnen freie positive oder negative Elektricität auftritt oder verschwindet. Das *Ampère*sche Gesetz reducirt alle ponderomotorischen Wirkungen auf anziehende oder abstossende Kräfte zwischen Stromelementen. Ist das Potentialgesetz auch für ungeschlossene Ströme gültig, so müssen ausser 1) den *Ampère*schen Kräften zwischen Stromelementen, auch noch 2) anziehende oder abstossende Kräfte zwischen Stromelementen und Stromenden und 3) eben solche zwischen Stromenden existiren. Die Art des Stromendes charakterisirt man am zweckmässigsten durch den Werth von $\frac{de}{dt}$, wo e die freie positive Elektricität an der betreffenden Stelle bezeichnet. Die Kräfte ad 2) sind proportional $\frac{de}{dt}$ und der auf das Stromende e hin gerichteten Componente der Strömung in dem wirkenden Stromelemente, abstossend, wenn diese Componente und $\frac{de}{dt}$ gleiches

Zeichen haben, übrigens umgekehrt proportional der Entfernung beider und unabhängig von der Constante k, also jeder Form des Potentialgesetzes in gleicher Stärke zukommend. Die Kräfte ad 3) für zwei Stromenden mit den freien Elektricitäten e und ε sind proportional dem Product $\frac{de}{dt} \cdot \frac{d\varepsilon}{dt} \cdot (1+k)$; sie sind anziehend, wenn die beiden Differentialquotienten gleiches Zeichen haben, und unabhängig von der Entfernung. Sie könnten nur bei dem unzulässigen Werthe $k=-1$ wegfallen.

An den Umstand, dass hier Kräfte aufgeführt werden, deren Intensität von der Entfernung unabhängig ist, hat Herr *Bertrand* *) Einwendungen geknüpft, welche berechtigt sein würden, wenn es sich um unabhängig von einander bestehende Elementarkräfte handelte. Das Potentialgesetz in seiner ursprünglichen Form kennt ebenso gut, wie das *Ampère*sche nur Fernwirkungen, die mit wachsender Entfernung abnehmen. Wenn man aber die Differenz zwischen den von beiden Gesetzen angezeigten Wirkungen nimmt, und diese Differenz nach Art der von *Ampère* gewählten Darstellung in einfache anziehende Kräfte auflöst, die von Punkt zu Punkt wirken, so kommt man auf Kräfte, die von der Entfernung unabhängig sind. Da aber jede ungeschlossene Linie zwei Enden hat, und von beiden Enden gleich grosse und entgegengesetzte Kräfte dieser Art ausgehen, diese sich auch der Natur der Sache nach nothwendig noch mit anderen von den Elementen der Stromcurve herrührenden Summanden verbinden, so kommt es nicht darauf an, ob die zu einem bestimmten Zwecke ausgesonderten Theile einzeln, sondern nur darauf, ob ihre Summe physikalisch unzulässige Folgerungen giebt. Das letztere aber ist nicht der Fall.

Diese Verhältnisse sind in §. 15 dieser Arbeit für unverzweigte lineare Leiter auseinandergesetzt, in §. 16 für körperliche Leiter, in §. 17 ist die Behandlung der analytischen Ausdrücke für Gleitstellen besprochen.

Da directe Versuche über die ponderomotorischen Kräfte elektrodynamischen Ursprungs an Stromenden noch nicht vorliegen, so blieb zunächst nur noch nachzuweisen übrig, dass das Potentialgesetz in seiner Anwendung auf ungeschlossene Leiter von beliebig veränderlicher Form dem Gesetz von der Constanz der Energie genüge. Zu dem Ende sind in §. 18 die analytischen

---

*) Comptes Rendus de l'Acad. d. Sc. T. LXXVII p. 1054. — Die Einwände beziehen sich auf einen vorläufigen Auszug der vorliegenden Arbeit in den Sitzungsberichten der Berliner Akademie vom Februar 1873.

Ausdrücke für die elektrodynamische Induction durch Bewegung körperlicher Leiter entwickelt, und ist in §. 19 mit deren Hülfe die Constanz der Energie nachgewiesen.

Nachdem auf diese Weise der Nachweis vervollständigt war, dass das Potentialgesetz in seiner verallgemeinerten Fassung in allen Fällen den an ein solches Gesetz nach dem jetzigen Stande unserer physikalischen Kenntnisse zu stellenden Anforderungen entspreche, habe ich noch die Frage zu beantworten gesucht, ob und welche Abweichungen in den Werthen der ponderomotorischen und durch Bewegung inducirten elektromotorischen Kräfte von dem Potentialgesetze etwa stattfinden könnten, ohne das Gesetz von der Erhaltung der Kraft zu verletzen, und ohne die ponderomotorischen Wirkungen geschlossener Ströme gegen einander zu verändern.

Die Untersuchung hierüber ist in §. 20 geführt worden; da die allgemeineren Formen der durch Aenderungen der Stromstärken inducirten Kräfte von mir schon früher discutirt sind, so konnte ich mich hier auf die durch Bewegung der Leiter zu inducirenden beschränken. Es ist dabei die Annahme festgehalten worden, 1) dass die zu den elektromotorischen Kräften vielleicht hinzuzufügenden Zusatzkräfte im Leiterelement Ds unabhängig von der Stromstärke i in Ds, aber proportional der Stromstärke j in dem inducirenden Elemente $D\sigma$ zu setzen, und dass die ponderomotorische Arbeit, welche sie bei einer kleinen Verschiebung leisten, proportional mit $i.j$ ist; 2) dass die Analogie zwischen der Wirkung geschlossener Ströme und der von Magneten auch in diesen Fällen bestehe, 3) dass die elektromotorischen und ponderomotorischen Wirkungen der einzelnen wirkenden Elemente $D\sigma$ auf das Element Ds sich einfach summiren.

Diese Annahmen führen zu den in den Gleichungen (7^a.) und (7^b.) aufgestellten Werthen der Zusätze, welche zu den elektromotorischen Kräften $j\mathfrak{r}$ auf Ds, $i\mathfrak{r}_1$ auf $D\sigma$ ausgeübt, und zu der ponderomotorischen Arbeit $i.j.\delta\mathfrak{w}$ gemacht werden könnten. Darin kommen sechs unbekannte Functionen der Entfernung r beider Elemente vor, nämlich φ, ψ, χ und φ_1, ψ_1, χ_1, von denen die drei ersteren auch noch von $\frac{dr}{d\sigma}$ und die drei letzteren auch noch von $\frac{dr}{ds}$ abhängen können. Nimmt man an, wie es Herr *Neumann* gethan, dass nur die *Ampère*schen ponderomotorischen Kräfte existiren, und keine anderen, so bestimmen sich die genannten Functionen, wie es in den Gleichungen (8.) angegeben ist, und der Werth der durch Bewegung der Leiter inducirten elektromotorischen Kraft wird in Gleichung (8^b.) gegeben. Dieser Werth unterscheidet sich von dem, den Herr *C. Neumann* *) bei Lösung einer sehr ähnlichen Aufgabe gefunden hat, dadurch dass er die unbestimmt bleibende Constante k enthält, welche nach der *Neumann*schen Deduction den bestimmten Werth $k = -1$ annehmen müsste. *Der von mir gefundene allgemeinere Werth entspricht aber allen denjenigen Forderungen, welche Herr C. Neumann als die Grundlagen seiner Rechnung vorangestellt hat* (l. c. S. 419—420 und 468—470).

Der Unterschied ist dadurch bedingt, dass der genannte Autor im Laufe der Rechnung (l. c. S. 481—482) noch eine weitere beschränkende Hypothese gleichsam als selbstverständlich einführt, die dies aber, wie mir scheint, durchaus nicht ist. Er nimmt nämlich an, dass bei einer durch Bewegung erzeugten Verlängerung eines Stromelements dasselbe inducirend so wirke, als ob in dem hinzugekommenen Theile seiner Länge ein neuer Strom entstände, und wendet auf diesen Vorgang das Gesetz der Induction durch Intensitätsänderung an, welches, wenn man das Potentialgesetz verlässt, von dem der Induction durch Lagenänderung verschieden ist. Man könnte aber eine Dehnung eines Stromelements ebenso gut als eine Entfaltung vorher eingefalteter Theile desselben ansehen, und müsste dann offenbar das Gesetz der Induction durch Lagenänderung anwenden. Da ich keine solche beschränkende Hypothese gemacht habe, ist der von mir gefundene Ausdruck allgemeiner, indem er eine Constante k mehr enthält.

Dieser Unterschied ist aber von grosser Wichtigkeit. Herrn *C. Neumanns* Deduction zeigt nämlich, dass wenn man von seinen Voraussetzungen ausgeht, die Constante k einen negativen Werth erhält, und das Gleichgewicht der Elektricität in den Leitern labil wird. Wie ich in meinen früheren beiden Arbeiten gezeigt habe, sind überhaupt negative Werthe von k nicht zulässig. Wären Herrn *C. Neumanns* Voraussetzungen unanfechtbar, so würde durch seine sorgfältige und scharfsinnige Untersuchung meines Erachtens nach der Beweis geführt gewesen sein, dass das *Ampère*sche Gesetz, als ausschliessliches Gesetz der ponderomotorischen Kräfte betrachtet, mit dem Gesetz von der Erhaltung der Kraft unvereinbar sei **). Da aber die bezeichnete,

---

*) Ueber die den Kräften elektromotorischen Ursprungs zuzuschreibenden Elementargesetze. Abhandl. d. Königl. Sächs. Akademie d. Wiss. Math. Phys. Klasse Bd. X. — Die elektrischen Kräfte. Leipzig, 1873. Aus der ersteren Abhandlung ist oben citirt.

**) Von dieser Meinung ausgehend habe ich einen Bericht für die englische Zeitschrift „the Academy“ (March 14, 1874) geschrieben, und erst später gesehen, dass gegen Herrn *C. Neumanns* Deduction Einwendungen zu machen seien.

achträglich gemachte Hypothese über die Induction durch Dehnung der Leiterelemente keineswegs als unumgänglich erscheint, ist, so weit ich sehe, aus ein theoretischen Gründen über die an den Enden ungeschlossener Leiter wirkenden ponderomotorischen Kräfte keine Entscheidung zu gewinnen, und muss an das Experiment appellirt werden.

Ich habe schon in der der Berliner Akademie gemachten Mittheilung Februar 1873) kurz angedeutet, wie solche Versuche gemacht werden könnten. Die dort geplanten Versuche werden aber nur bei Anwendung sehr grosser Drahtmassen und Batterien Erfolg gewähren können. Leichter ausführbar ist vielleicht eine andere Classe von Versuchen, bei deren Erfolg freilich noch eine andere Frage in Betracht kommt, welche zwischen den verschiedenen Theorien streitig ist. Herrn *W. Webers* Theorie setzt nämlich voraus, dass elektrische Quanta, welche irgend wie ihre relative Lage zu einander ändern, elektrodynamische Wirkungen hervorbringen müssen, einerlei ob ihre ponderablen Träger sich mit ihnen bewegen oder nicht. Das Potentialgesetz dagegen kennt nur Wirkungen, welche die strömende Elektricität hervorbringt, wenn sie sich in ihren Leitern und relativ zu diesen bewegt. Letzterer Annahme entsprechend würden Spitzen, durch welche Elektricität ausströmt oder einströmt, sei es gegen die Scheibe einer Elektrisirmaschine, sei es um von der bewegten Luft fortgetragen zu werden, als Stromenden zu betrachten sein, und würden die elektrodynamischen Eigenschaften von solchen zeigen können.

Einstweilen, ehe solche Versuche ausgeführt sind, bleiben wir auf die Wahrscheinlichkeit beschränkt, welche die grössere oder geringere Einfachheit und Symmetrie der Gesetze, die mehr oder weniger gut bewahrte Analogie der wesentlichen Eigenschaften der wirksamen Kräfte in den verschiedenen Fällen darbietet. Solche Betrachtungen geben allerdings keine definitive Entscheidung, aber sie geben doch immerhin den verhältnissmässig besten Leitfaden in die Hand, um den richtigen Weg zu finden.

In dieser Beziehung ist zu bemerken, dass das Potentialgesetz unter denselben analytischen Ausdruck, der namentlich bei der Annahme $k=1$ ausserordentlich einfach wird, die sämmtlichen Erscheinungen 1) der ponderomotorischen Kräfte, 2) der Induction durch Stromesänderung, 3) der Induction durch Bewegung vereinigt, also überhaupt das ganze Gebiet der bisher bekannten Thatsachen der Elektrodynamik. Die Auffindung des Potentialgesetzes durch *Gauss* und *Neumann* senior kann in der That als eine der glücklichsten und glänzendsten Errungenschaften der mathematischen Physik angesehen werden. Weichen wir dagegen ab vom Potentialgesetze, so brauchen wir für jedes der genannten Gebiete besondere Gesetze, wobei das für 2) mit dem Potentialgesetze übereinstimmt, die beiden anderen complicirter sind, als jenes.

An geschlossenen Stromkreisen finden wir thatsächlich folgende allgemeine Eigenthümlichkeiten der elektrodynamischen Wirkungen:

1) Die ponderomotorischen Kräfte geschlossener Stromkreise haben ein Potential. Das heisst: die mechanische Arbeit der ponderomotorischen Kräfte beider Kreise bei constant bleibenden Stromintensitäten *) ist nur von der Anfangs- und Endlage beider Kreise, nicht von der Art des Uebergangs abhängig.

2) Die ponderomotorischen Kräfte, welche ein geschlossener Stromkreis auf ein lineares Stromelement ohne freie Enden ausübt, stehen auf der Richtung des letzteren senkrecht.

3) Die gesammte elektromotorische Kraft, welche ein geschlossener Stromkreis während einer endlichen Verschiebung und Aenderung seiner Stromstärke in einem anderen hervorbringt, ist nur abhängig von der anfänglichen und endlichen relativen Lage beider Kreise zu einander, so wie von der anfänglichen und endlichen Stromstärke des Inducenten, nicht von den Zwischenzuständen.

Diese drei Eigenschaften der elektrodynamischen Kräfte überträgt das Potentialgesetz hypothetisch auch auf ungeschlossene Ströme. Wird eine von ihnen übertragen, so werden nothwendig auch die anderen übertragen.

Wenn wir dagegen das *Ampère*sche Gesetz als den vollständigen Ausdruck für die ponderomotorischen Kräfte annehmen, so überträgt sich keine von diesen allgemeinen Eigenschaften der Wirkungen geschlossener Ströme auf die ungeschlossenen. Es wird in diesem Falle nur eine mögliche, aber nicht nothwendige Zerlegungsweise der ponderomotorischen Kräfte geschlossener Stromkreise in Elemente, die physikalisch nicht direct nachweisbar sind, auf die ungeschlossenen Kreise übertragen.

Ich muss gestehen, dass es mir im höchsten Grade unwahrscheinlich dünkt, dass Eigenschaften, wie 1) und 3), die am entscheidendsten für den Charakter der Naturkräfte sind, bei den uns bekannten elektrodynamischen Wir-

---

*) Gleitstellen sind dabei zu behandeln als sich entfaltende Falten, oder man muss die neuen Leiterstücke durch Dehnung entwickelt denken.

kungen nur durch einen gleichsam zufälligen Einfluss der Summirung über eine geschlossene Linie entstanden sein sollten, während sie den einzelnen Summanden an und für sich nicht zukämen.

§. 15. Die ponderomotorischen Kräfte nach dem Potentialgesetze.

Das Potentialgesetz giebt unmittelbar nur den Werth der mechanischen Arbeit, welche von den ponderomotorischen Kräften elektrodynamischen Ursprungs geleistet wird, wenn zwei lineare Stromleiter eine Aenderung ihrer relativen Lage erleiden, während die Intensität des elektrischen Stromes in beiden constant bleibt. Die letztere Bedingung, nämlich Constanz der Stromstärke, wird im Folgenden immer als erfüllt vorausgesetzt, wo nicht ausdrücklich das Gegentheil gesagt ist. Der Ausdruck, den das genannte Gesetz für den Werth der genannten Arbeit giebt, lässt sich auf ganz beliebige Verschiebungen der einzelnen Punkte der Leiter anwenden, wie sie durch beliebige andere gleichzeitig einwirkende mechanische Kräfte hervorgebracht werden können, wobei nur zu bemerken ist, dass überall, wo die Strömung fortbestehen soll, die Componenten der Verschiebungen continuirliche Functionen der Coordinaten sein müssen, da discontinuirliche Verschiebungen die Continuität der Leitung aufheben würden. Unter diesen Umständen genügt der Ausdruck für den Werth der Arbeit, um die elektrodynamischen Kräfte vollständig zu bestimmen, welche auf die einzelnen Punkte des Leiters wirken, wenn wir voraussetzen, dass *die elektrodynamische Kraft, welche auf jeden Punkt des Leiters wirkt, unabhängig ist von den Geschwindigkeiten dieses Punktes und unabhängig von den gleichzeitigen Verschiebungen der übrigen Punkte des Leiters.* Die Aufgabe *) dieses Paragraphen ist, zu zeigen, dass ein eindeutig bestimmtes System von solchen Kräften angegeben werden kann, welches die durch den Werth des Potentials angezeigte Arbeit in jedem Falle hervorzubringen geeignet ist; und ferner werden wir die Werthe dieser durch das Potentialgesetz angezeigten Kräfte zu vergleichen haben mit denen, welche *Ampère* angenommen hat.

Das Längenelement des einen Leiters s sei Ds, und die Stromintensität in demselben i, während wir dieselben Grössen für den anderen Leiter σ mit $D\sigma$ und j bezeichnen. Die Entfernung zwischen Ds und $D\sigma$ bezeichnen wir mit r. Für den Werth des Potentials DP der ponderomotorischen Kräfte,

---

*) Diese Formulirung der Aufgabe ist gewählt, um die von Herrn *Bertrand* (Comptes Rendus T. LXXVII, p. 1049—1054) begangenen Missverständnisse bestimmter auszuschliessen.

welches die beiden Elemente Ds und $D\sigma$ gegen einander hervorbringen, nehme ich aus den in meiner ersten Abhandlung auseinander gesetzten Gründen wieder den allgemeineren Ausdruck

$$(1.)\quad DP = -\tfrac{1}{2} A^2 \cdot \frac{ij}{r}[(1+k)\cos(Ds, D\sigma)+(1-k)\cos(r, Ds)\cos(r, D\sigma)]\, Ds . D\sigma.$$

Darin ist A die von Herrn *W. Weber* gemessene Constante, oder $\frac{1}{A}$ eine der Lichtgeschwindigkeit nahehin gleiche Geschwindigkeit, k eine vorläufig noch unbekannt bleibende Constante, welche nicht negativ sein kann, und $(Ds, D\sigma)$, (r, Ds), $(r, D\sigma)$ sind die Winkel zwischen den Richtungen der bezeichneten Linien, wobei Ds und $D\sigma$ als positiv wachsend zu nehmen sind nach der Richtung, in welcher die positive Elektricität fliesst, r aber positiv wächst von $D\sigma$ nach Ds. Als Einheit der Stromstärke ist, wie früher, diejenige genommen, bei welcher die algebraische Summe der durch einen Querschnitt in bestimmtem Sinne fliessenden Elektricität gleich der elektrostatischen Maasseinheit ist.

Das ganze Potential der beiden Leiter s und σ aufeinander würde sein

$$P = \iint DP.$$

Das Potentialgesetz sagt aus, dass *wenn die beiden Stromleiter s und σ aus einer ersten Lage mit dem Potentialwerth P_1 in eine zweite mit dem Potentialwerthe P_2 bewegt werden, und die Ströme i und j dabei constante Intensität behalten, die während der Bewegung von den elektrodynamischen Bewegungskräften, welche jeder Leiter auf den andern ausübt, geleistete Arbeit gleich $P_1 - P_2$ sei.*

Es wird in diesem Paragraphen also vorläufig noch abgesehen von den Kräften, welche jedes Element des Leiters s von sämmtlichen übrigen desselben Leiters erleidet. Diese Kräfte können nur bei Berücksichtigung der drei Dimensionen der Leiter berechnet werden, da, wie schon bemerkt, das elektrodynamische Potential für lineare Leiter mit endlicher Strömung unendlich wird.

Wir bezeichnen die rechtwinkeligen Coordinaten des Linienelements Ds mit x, y, z, die des Elements $D\sigma$ mit ξ, η, ζ. Während einer unendlich kleinen Lagenänderung mögen die ersteren zunehmen um δx, δy, δz, die zweiten um $\delta\xi$, $\delta\eta$, $\delta\zeta$, der Potentialwerth P um δP. Dabei seien $X.Ds$, $Y.Ds$, $Z.Ds$ die Componenten der elektrodynamischen Kräfte, welche σ auf

Ds ausübt, und $\Xi D\sigma$, $\mathrm{Y} D\sigma$, $\mathrm{Z} D\sigma$ seien dieselben für die Wirkung von s auf $D\sigma$. Ferner seien $\overline{X}$, $\overline{Y}$, $\overline{Z}$ und $\overline{\Xi}$, $\overline{\mathrm{Y}}$, $\overline{\mathrm{Z}}$ die Componenten der Kräfte, welche auf die Enden der beiden Stromleiter einwirken, und $\overline{x}$, $\overline{y}$, $\overline{z}$, sowie $\overline{\xi}$, $\overline{\eta}$, $\overline{\zeta}$ die zugehörigen Coordinaten. Nach dem Potentialgesetz ist alsdann

$$(1^a.)\quad \begin{cases} \delta P + \int (X\delta x + Y\delta y + Z\delta z)\, Ds + \Sigma[\overline{X}\delta\overline{x} + \overline{Y}\delta\overline{y} + \overline{Z}\delta\overline{z}] \\ \quad + \int (\Xi\delta\xi + \mathrm{Y}\delta\eta + \mathrm{Z}\delta\zeta)\, D\sigma + \Sigma[\overline{\Xi}\delta\overline{\xi} + \overline{\mathrm{Y}}\delta\overline{\eta} + \overline{\mathrm{Z}}\delta\overline{\zeta}] = 0. \end{cases}$$

Die Variationen der Coordinaten sind hierbei ganz beliebig zu nehmen, nur müssen, wie oben bemerkt, δx, δy und δz continuirliche Functionen der Länge s, und $\delta\xi$, $\delta\eta$ und $\delta\zeta$ der Länge σ sein, wenn wir mit s und σ die längs des Leiters gemessenen Abstände der Elemente Ds und $D\sigma$ von zwei beliebig gewählten festen Anfangspunkten verstehen. Wäre diese Bedingung an irgend einer Stelle nicht erfüllt, so würde die Continuität der Leitung daselbst unterbrochen werden. In diesem Falle wäre eine solche Stelle als ein Paar von Endpunkten der sich trennenden beiden Leiterstücke zu betrachten. Welche Kräfte auf solche wirken, wird sich im Folgenden ergeben. Wie die Fälle discontinuirlicher Lagenänderungen in Gleitstellen zu behandeln sind, in denen die Leitung des Stroms nicht aufhört, werde ich in §. 17 auseinandersetzen.

Zur bequemeren Berechnung von δP wollen wir P zunächst in zwei Theile zerlegen

$$P = P_0 + P_1,$$

$$DP_0 = -A^2 \frac{ij}{r} \cos(Ds, D\sigma) . Ds . D\sigma,$$

$$DP_1 = -\tfrac{1}{2} A^2 \frac{ij}{r} (1-k) [\cos(r, Ds)\cos(r, D\sigma) - \cos(Ds, D\sigma)] . Ds . D\sigma$$

oder

$$DP_1 = -\tfrac{1}{2} A^2 ij . (1-k) \frac{d^2 r}{ds\, d\sigma} \cdot Ds . D\sigma.$$

Wenn wir durch Integration nach s und σ aus der letzteren Gleichung den Werth von P_1 bilden, und die an den Enden von s und σ angesammelte freie Elektricität beziehlich mit e und ε bezeichnen, können wir schreiben

$$(1^b.)\quad P_1 = -\frac{1-k}{2} A^2 \Sigma\left[\frac{de}{dt} \cdot \frac{d\varepsilon}{dt} \cdot r\right],$$

wo sich das Summenzeichen auf alle aus je einem Endpunkt von s und je einem Endpunkt von σ zu bildenden Combinationen bezieht. Der Werth von P_1 ist also nur von der Lage der Endpunkte der beiden Leiter abhängig, und ergiebt also auch nur Kräfte, welche auf diese wirken, deren Grösse wir weiter unten bestimmen werden.

Der andere Theil des Potentials P_0 hat die ursprüngliche von Herrn *F. E. Neumann* in der oben citirten Abhandlung gewählte Form, abgesehen von einer anderen Wahl der Stromeinheit. Er kann im Allgemeinen von dem Integralzeichen nicht befreit werden. Da nun bei der Ausführung der Variationen δx, δy, δz auch die Längen der Elemente Ds variiren werden, so wollen wir unter dem Integrationszeichen statt s und σ zwei andere Variabele p und ϖ einführen, deren Werthe für jeden einzelnen materiellen Punkt des Leiters bei der Bewegung unverändert bleiben sollen, und die so gewählt sind, dass s eine continuirliche Function von p, σ eine eben solche von ϖ ist. Dann ist also

$$P_0 = -A^2 ij \iint \frac{\cos(Ds, D\sigma)}{r} \cdot \frac{ds}{dp} \cdot \frac{d\sigma}{d\varpi} \cdot dp \,.\, d\varpi$$

oder

$$(1^c.)\qquad P_0 = -A^2.ij \iint \frac{1}{r} \left[\frac{dx}{dp} \cdot \frac{d\xi}{d\varpi} + \frac{dy}{dp} \cdot \frac{d\eta}{d\varpi} + \frac{dz}{dp} \cdot \frac{d\zeta}{d\varpi} \right] \cdot dp . d\varpi .$$

Da die Variationen der Coordinaten keiner anderen einschränkenden Bedingung unterliegen, als der, dass sie continuirliche Functionen der Coordinaten sind, so kann man die Variation für jede derselben einzeln berechnen, indem man die Variationen der anderen Coordinaten gleich Null setzt. Variiren wir nur x, so wird

$$\begin{aligned} \delta P_0 = & -A^2.ij \iint \frac{d}{dx}\left(\frac{1}{r}\right) \delta x \left[\frac{dx}{dp} \cdot \frac{d\xi}{d\varpi} + \frac{dy}{dp} \cdot \frac{d\eta}{d\varpi} + \frac{dz}{dp} \cdot \frac{d\zeta}{d\varpi} \right] \cdot dp \,.\, d\varpi \\ & -A^2.ij \iint \frac{1}{r} \cdot \frac{d\xi}{d\varpi} \cdot \frac{d\delta x}{dp} \cdot dp \,.\, d\varpi . \end{aligned}$$

Schaffen wir aus dem letzten Gliede den Factor $\frac{d\delta x}{dp}$ durch partielle Integration nach p fort, so erhalten wir ein Integral, welches in allen seinen Gliedern den Factor δx hat, und da δx eine willkürliche continuirliche Function von p ist, so kann Gleichung (1^a.) die in diesem Falle

$$\delta P_0 + \delta P_1 + \int X \delta x . ds + \overline{X} . \delta \overline{x} = 0$$

wird, bei der im Anfange dieses Paragraphen ausgesprochenen Annahme, dass der Werth von X, wie der der übrigen Kraftcomponenten unabhängig von δx, δy, δz sei, nur dann erfüllt sein, wenn die mit δx multiplicirte Grösse für jeden Punkt von s gleich Null ist. Für *innere Punkte* giebt dies:

$$(2.)\quad \begin{cases} X\dfrac{ds}{dp} = A^2 ij\displaystyle\int \frac{d}{dx}\left(\frac{1}{r}\right)\left[\frac{dx}{dp}\cdot\frac{d\xi}{d\varpi}+\frac{dy}{dp}\cdot\frac{d\eta}{d\varpi}+\frac{dz}{dp}\cdot\frac{d\zeta}{d\varpi}\right]d\varpi \\ \qquad -A^2 ij\displaystyle\int \frac{d}{dp}\left(\frac{1}{r}\right)\frac{d\xi}{d\varpi}d\varpi \end{cases}$$

und für die *Endpunkte von s* ergiebt sich mit Berücksichtigung von (1^b.)

$$(2^a.)\quad \overline{X} = A^2 j\frac{de}{dt}\int\frac{1}{r}\cdot\frac{d\xi}{d\varpi}d\varpi+\frac{1-k}{2}A^2\frac{de}{dt}\Sigma\left[\frac{d\varepsilon}{dt}\cdot\frac{dr}{dx}\right].$$

Da bei der weiteren Berechnung dieser Werthe Verschiebungen nicht mehr zu berücksichtigen sind, können wir als unabhängige Variable unter dem Integrationszeichen wieder s und σ anwenden, und erhalten:

$$(2^b.)\quad \begin{cases} X = A^2.ij\cdot\dfrac{dy}{ds}\displaystyle\int\frac{1}{r^3}\left[(y-\eta)\frac{d\xi}{d\sigma}-(x-\xi)\frac{d\eta}{d\sigma}\right]d\sigma \\ \quad +A^2.ij\cdot\dfrac{dz}{ds}\displaystyle\int\frac{1}{r^3}\left[(z-\zeta)\frac{d\xi}{d\sigma}-(x-\xi)\frac{d\zeta}{d\sigma}\right]d\sigma \\ \text{und entsprechend:} \\ Y = A^2.ij\cdot\dfrac{dx}{ds}\displaystyle\int\frac{1}{r^3}\left[(x-\xi)\frac{d\eta}{d\sigma}-(y-\eta)\frac{d\xi}{d\sigma}\right]d\sigma \\ \quad +A^2.ij\cdot\dfrac{dz}{ds}\displaystyle\int\frac{1}{r^3}\left[(z-\zeta)\frac{d\eta}{d\sigma}-(y-\eta)\frac{d\zeta}{d\sigma}\right]d\sigma, \\ Z = A^2.ij\cdot\dfrac{dx}{ds}\displaystyle\int\frac{1}{r^3}\left[(x-\xi)\frac{d\zeta}{d\sigma}-(z-\zeta)\frac{d\xi}{d\sigma}\right]d\sigma \\ \quad +A^2.ij\cdot\dfrac{dy}{ds}\displaystyle\int\frac{1}{r^3}\left[(y-\eta)\frac{d\zeta}{d\sigma}-(z-\zeta)\frac{d\eta}{d\sigma}\right]d\sigma. \end{cases}$$

Daraus ergiebt sich leicht

$$X\frac{dx}{ds}+Y\frac{dy}{ds}+Z\frac{dz}{ds} = 0,$$

das heisst: *Nach dem Potentialgesetz ist die Resultante der elektrodynamischen Bewegungskräfte, welche ein linearer Stromleiter auf ein Stromelement im Innern einer linearen Leitung ausübt, jedesmal senkrecht auf die Richtung der Strömung.* Dies ist in Uebereinstimmung mit Herrn *Grassmanns* *) Elementargesetz, stimmt aber mit *Ampères* Gesetz nur, wenn σ ein geschlossener Leiter ist. Von dem *Grassmann*schen Gesetze unterscheidet sich das Potentialgesetz dadurch, dass jenes die in Gleichung (2^a.) gegebenen, auf die Endpunkte der Leitung und die dort frei werdende Elektricität $\frac{de}{dt}$ wirkenden Kräfte nicht kennt. Wenn

*) *Poggendorff* Annalen LXIV. 1845.

man die in den Gleichungen (2^b.) vor Ausführung der Integration mit $d\sigma$ multiplicirten Werthe mit $\mathfrak{x}$, $\mathfrak{y}$ und $\mathfrak{z}$ bezeichnet, so dass

$$X = \int \mathfrak{x}\, d\sigma,$$

$$Y = \int \mathfrak{y}\, d\sigma,$$

$$Z = \int \mathfrak{z}\, d\sigma,$$

so sind diese Grössen $\mathfrak{x}$, $\mathfrak{y}$ und $\mathfrak{z}$ die Componenten der Wirkung, welche das Stromelement $d\sigma$ auf die inneren Punkte von ds ausübt. In der That reducirt sich der Werth von X, Y, Z auf $\mathfrak{x}$, $\mathfrak{y}$, $\mathfrak{z}$, wenn man den Stromleiter σ auf das Element $d\sigma$ reducirt. Bezeichnen wir nun mit α, β, γ die Cosinus der Winkel, welche die Coordinatenaxen mit derjenigen Richtung machen, die zugleich senkrecht gegen r und gegen $D\sigma$ ist, so ist leicht einzusehen, dass

$$\alpha.\mathfrak{x}+\beta.\mathfrak{y}+\gamma.\mathfrak{z} = 0,$$

das heisst, dass die Richtung der vom Elemente $D\sigma$ auf die inneren Punkte von Ds ausgeübten Kraft auch senkrecht zu der Richtung ist, deren Projectionen α, β, γ sind, oder dass die Richtung der Kraft in der durch r und $D\sigma$ gelegten Ebene liegt, wie es dem von Herrn *Grassmann* aufgestellten Gesetze entspricht.

Für ein einzelnes lineares Element Ds bleiben also stehen, ebenso wie für ein längeres Stück von s, erstens die Kräfte, welche auf sämmtliche Punkte der Länge von Ds senkrecht zu Ds wirken, und zweitens zwei Kräfte (2^a.), welche auf die Endpunkte von Ds wirken. Ist das Linienelement Ds als ein fester Körper anzusehen, so lassen sich diese Kräfte im Allgemeinen auf zwei einzelne Kräfte als Resultanten reduciren *) oder, wenn man lieber will, auf eine Kraft und ein Kräftepaar, wie ich dies in meiner zweiten Abhandlung (Bd. 75 dieses Journals) schon angegeben habe.

Einen linearen Leiter kann man in jedem Punkte sich getheilt denken, also jeden Punkt desselben als die zusammenfallenden Endpunkte zweier Leiter-

*) Es würde unstatthaft sein, zuerst, wie es Herr *Bertrand* in Comptes Rendus T. LXXVII., p. 1052—1053 verlangt, für jedes Element diese Reduction der Kräfte auf eine Kraft und ein Kräftepaar ausführen zu wollen, um dann die aus dieser Reduction sich ergebenden Resultanten zur weiteren Berechnung der Wirkungen auf die einzelnen Punkte eines vollkommen beweglichen Leiters zu benutzen. Denn jene Reduction ist nur zulässig für Stücke Ds, welche als absolut feste Körper zu betrachten sind, während die Anwendung, auf die es hier ankommt, an die Voraussetzung gebunden ist, dass die Theile des Leiters im Gegentheil nachgiebig seien.

stücke betrachten. Dann würde diesem Paar von Endpunkten von der einen Seite her eben so viel frei werdende positive Elektricität zuströmen, als von der andern Seite negative. Die Summe der frei werdenden Elektricität würde also doch wieder gleich Null sein. Dem entsprechend würde Gleichung (2^a.) anzeigen, dass zwei gleich grosse und entgegengesetzt gerichtete Kräfte auf den betreffenden Punkt wirkten, die eine, insofern er oberes Ende des einen Leiterstücks ist, und in ihm positive Elektricität frei wird, die andere, insofern er unteres Ende des andern Leiterstücks ist, und in ihm negative Elektricität frei wird. Da beide Kräfte genau denselben Punkt mit genau gleicher Grösse und genau entgegengesetzter Richtung angreifen, so werden sie sich gegenseitig vollkommen aufheben, so lange nicht der Zusammenhang des Leiters an dieser Stelle zerrissen wird; die Summe ihrer virtuellen Momente oder ihrer Arbeit für irgend eine denkbare oder wirkliche Verschiebung des Leiters ohne Aufhebung der Continuität der Strömungslinie wird immer gleich Null sein*). Dagegen ist dies nicht mehr der Fall, so wie der Leiter an dieser Stelle zerreisst, und seine Verschiebungen discontinuirliche Functionen der Coordinaten werden. Es werden also die Kräfte der Gleichung (2^a.), welche auf die Stromenden wirken, in der That auch im Innern des Leiters bei geeigneter Richtung des Stromes j ein Zerreissen des Leiters s und eine Aufhebung seines Zusammenhanges befördern können. Zugleich zeigt aber auch die Gleichung (2^a.), dass bei endlichen Stromstärken und endlicher Länge der Stromleiter die beiden Kräfte, welche in jedem einzelnen Querschnitt des Leiters den Molecularkräften, welche den Zusammenhang zu bewahren streben, entgegenwirken, von endlicher Grösse sind **).

Die bis hierher ausgeführte Zerlegung der ponderomotorischen Kräfte in diejenigen Kräfte, welche auf die einzelnen Punkte des Innern und der Oberfläche des bewegten Leiters wirken, hat ihre bestimmte physikalische Bedeutung, da im Falle der Bewegung die Beschleunigung jedes einzelnen Leiterpunktes nur von den auf ihn selbst wirkenden Kräften mechanischen und elektrodynamischen Ursprungs abhängt. Die weitere Zerlegung der elektro-

---

*) Herr *Bertrand* (l. c. p. 1053) behauptet, diese Endkräfte, welche nicht die Richtung der Tangente des Leiters s hätten, müssten den Leiter verschieben. Er hat dabei nicht beachtet, dass jeder innere Punkt des Leiters von zwei gleich grossen und entgegengesetzten Kräften dieser Art angegriffen wird, die sich genau aufheben, so lange der Leiter nicht zerreisst.

**) Einen hierauf bezüglichen Einwand von Herrn *Bertrand* will ich am Ende des Paragraphen besprechen.

dynamischen Kraft, welche der Leiter σ auf einen jeden der Punkte von s ausübt, in Theile, welche den einzelnen Theilen von σ entsprechen, hat etwas Willkürliches, da die Art, wie wir σ theilen, willkürlich ist. Bisher haben wir es in Längenelemente getheilt. Indessen können wir auch bis auf Kräfte, die von den Punkten von σ ausgehen, zurückgehen, da ja andererseits bei der Bewegung von σ die Beschleunigungen seiner einzelnen Punkte auf Kräfte zurückführen, welche vom ganzen Leiter s auf die einzelnen Punkte von σ ausgeübt werden.

Eine solche Zerlegung ist nun in unserem Falle namentlich vortheilhaft, um den Unterschied der von dem Potentialgesetze angezeigten Wirkungen von denen des *Ampère*schen Gesetzes möglichst einfach heraustreten zu lassen. Ausserdem ist zu bemerken, dass die von dem *Grassmann*schen Gesetze angezeigten Elementarkräfte zwischen Stromelement und Stromelement dem Gesetz der Gleichheit der Action und Reaction nicht genügen, obgleich dieses Gesetz bei der Zusammenfassung der gleichzeitig auf Stromelemente und Stromenden stattfindenden Wirkungen gewahrt bleibt. Die Zerlegung in Punktkräfte führt dagegen auf Elementarwirkungen, die dem Gesetz von der Action und Reaction genügen.

Um elementare Kräfte der letzteren Art zu erhalten, muss man eine nochmalige partielle Integration des letzten Gliedes der Gleichung (2.) ausführen, was bei gleichzeitiger Einführung von s und σ an Stelle der Variablen p und ϖ, das Resultat giebt:

$$X = \Sigma\left[A^2 i\cdot\frac{d\varepsilon}{dt}\cdot(x-\xi)\frac{d}{ds}\left(\frac{1}{r}\right)\right]$$
$$-A^2.ij\int\left[(x-\xi)\frac{d^2}{ds.d\sigma}\left(\frac{1}{r}\right)+\frac{x-\xi}{r^3}\cdot\cos(ds,d\sigma)\right]d\sigma,$$
$$Y = \Sigma\left[A^2 i\cdot\frac{d\varepsilon}{dt}\cdot(y-\eta)\frac{d}{ds}\left(\frac{1}{r}\right)\right]$$
$$-A^2.ij\int\left[(y-\eta)\frac{d^2}{ds.d\sigma}\left(\frac{1}{r}\right)+\frac{y-\eta}{r^3}\cdot\cos(ds,d\sigma)\right]d\sigma,$$
$$Z = \Sigma\left[A^2 i\cdot\frac{d\varepsilon}{dt}\cdot(z-\zeta)\frac{d}{ds}\left(\frac{1}{r}\right)\right]$$
$$-A^2.ij\int\left[(z-\zeta)\frac{d^2}{ds.d\sigma}\left(\frac{1}{r}\right)+\frac{z-\zeta}{r^3}\cdot\cos(ds,d\sigma)\right]d\sigma.$$

Es sind dies die Componenten einer Summe von Abstossungskräften, welche theils von den Enden, theils von den linearen Stromelementen der Leitung σ auf das Stromelement ds ausgeübt werden. Die Werthe sind folgende:

1) *Abstossende Kraft eines Endes von σ auf ein Stromelement ds*

$$+A^2 i\cdot\frac{d\varepsilon}{dt}\cdot r\frac{d}{ds}\left(\frac{1}{r}\right) = -A^2 i\cdot\frac{d\varepsilon}{dt}\cdot\frac{1}{r}\cdot\frac{dr}{ds}.$$

2) *Abstossende Kraft der Stromelemente von σ auf die von s*

$$-A^2.ij.\left[r\cdot\frac{d^2}{ds.d\sigma}\left(\frac{1}{r}\right)+\frac{1}{r^2}\cdot\cos(ds,d\sigma)\right].$$

Da nun

$$\frac{d^2}{ds.d\sigma}\left(\frac{1}{r}\right)=-\frac{d}{d\sigma}\left[\frac{1}{r^2}\cdot\frac{dr}{ds}\right]=-\frac{1}{r^2}\cdot\frac{d^2 r}{ds.d\sigma}+\frac{2}{r^3}\cdot\frac{dr}{ds}\cdot\frac{dr}{d\sigma}$$

und ferner

$$\frac{dr}{ds} = \cos(r, ds),$$

$$\frac{dr}{d\sigma} = -\cos(r, d\sigma),$$

$$\frac{d^2 r}{ds.d\sigma} = \frac{1}{r}[\cos(r, ds).\cos(r, d\sigma)-\cos(ds, d\sigma)],$$

so wird der Werth der Abstossungskraft:

$$-\frac{A^2.ij}{r^2}\cdot[2\cos(ds, d\sigma)-3\cos(r, ds).\cos(r, d\sigma)],$$

was die bekannte Form von *Ampère* ist.

Die auf die Enden von s wirkenden Kräfte bringen wir auf die entsprechende Form, indem wir in (2^a.) das $\frac{d\xi}{d\sigma}$ durch partielle Integration fortschaffen

$$\overline{X} = -\frac{1+k}{2}A^2\frac{de}{dt}\cdot\Sigma\left[\frac{d\varepsilon}{dt}\cdot\frac{x-\xi}{r}\right]+A^2\frac{de}{dt}\cdot j\cdot\int(x-\xi)\cdot\frac{d}{d\sigma}\left(\frac{1}{r}\right)d\sigma,$$

und ebenso

$$\overline{Y} = -\frac{1+k}{2}A^2\frac{de}{dt}\cdot\Sigma\left[\frac{d\varepsilon}{dt}\cdot\frac{y-\eta}{r}\right]+A^2\frac{de}{dt}\cdot j\cdot\int(y-\eta)\cdot\frac{d}{d\sigma}\left(\frac{1}{r}\right)d\sigma,$$

$$\overline{Z} = -\frac{1+k}{2}A^2\frac{de}{dt}\cdot\Sigma\left[\frac{d\varepsilon}{dt}\cdot\frac{z-\zeta}{r}\right]+A^2\frac{de}{dt}\cdot j\cdot\int(z-\zeta)\cdot\frac{d}{d\sigma}\left(\frac{1}{r}\right)d\sigma.$$

Dies sind die Componenten von Abstossungskräften, welche theils von den Enden der Leitung σ, theils von deren inneren Elementen auf die Enden der Leitung s ausgeübt werden. Und zwar ist die Grösse *der Abstossung*

3) *zwischen den Enden der Leitungen*

$$-\frac{1+k}{2}\cdot\frac{de}{dt}\cdot\frac{d\varepsilon}{dt}A^2$$

unabhängig von der Entfernung,

4) *zwischen den inneren Elementen von σ und den Enden von s*

$$A^2 \frac{de}{dt} \cdot j \cdot r \cdot \frac{d}{d\sigma}\left(\frac{1}{r}\right) d\sigma = -A^2 \frac{de}{dt} j \cdot \frac{1}{r} \cdot \frac{dr}{d\sigma} d\sigma,$$

welcher Ausdruck dem vorher für die Abstossung zwischen den Enden von σ und den inneren Elementen von s gefundenen genau entspricht.

Die Ergebnisse der bisher angestellten Untersuchung sind also folgende:

Für die Kräfte, welche die inneren Längenelemente zweier linearen, unverzweigten, in beliebigem Grade biegsamen und dehnsamen Leiter auf einander ausüben, ergiebt das Potentialgesetz genau dieselben Werthe, wie das Gesetz von Ampère. Der Werth der Constanten k in der von mir gewählten allgemeineren Form des Potentialgesetzes hat darauf keinen Einfluss.

Unterschieden ist das Potentialgesetz von dem von *Ampère* nur durch die Kräfte, welche auf die Enden der Leitungen nicht geschlossener Ströme wirken, an denen sich Elektricität ansammelt. Dergleichen Kräfte kennt *Ampères* Gesetz nicht. Das Potentialgesetz dagegen ergiebt, wenn man alle Kräfte in anziehende und abstossende zerlegt, eine in Richtung der Verbindungslinie wirkende Kraft sowohl zwischen Stromelementen und Stromenden, wie zwischen je zwei Stromenden. *Die Kraft zwischen Stromelementen und Stromenden* (1 und 3 oben) *ist eine anziehende, wenn die an dem Stromende sich sammelnde Art der Elektricität gleichnamig ist mit derjenigen, welche in dem Stromelemente sich von dem Stromende entfernt.* Die Grösse dieser Kraft ist proportional der Geschwindigkeit der Ansammlung der betreffenden Elektricität an dem Stromende, ferner proportional der Geschwindigkeit, mit der die Entfernung zwischen beiden wächst, endlich umgekehrt proportional der ersten Potenz der Entfernung, übrigens unabhängig von der Constante k. Sie ist also ein nothwendiges Ergebniss jeder Form des Potentialgesetzes. Im Gegensatz zu Herrn *W. Webers* Hypothese ist es hier nicht die schon angesammelte freie, sondern die eben aus Bewegung in Ruhe übergehende sich ansammelnde Elektricität, welche die Wirkung ausübt, und die Wirkung selbst nicht dem Quadrate, sondern der ersten Potenz von $\frac{dr}{dt}$ proportional.

Es strebt also hiernach bewegte Elektricität die eben frei werdende Elektricität derselben Art in derselben Bewegung nachzuziehen, in welcher erstere relativ zu letzterer begriffen ist.

Die Kraft zwischen Stromenden endlich ist eine anziehende, wenn sich Elektricität gleicher Art an beiden Stromenden sammelt. Dass in der Unabhängigkeit dieser Kraft von der Entfernung keine physikalische Schwierigkeit liegt, ist schon in der Einleitung erörtert worden.

In den Comptes Rendus vom 14. October 1872 hat Herr *Bertrand* der Académie des Sciences eine Betrachtung mitgetheilt, durch welche er beweisen zu können glaubt, dass die durch das Potentialgesetz gegebenen Kräfte, die, wenn man sich die einzelnen Längenelemente des Leiters als feste Stäbe denkt, für jedes derselben auf eine Einzelkraft und ein Kräftepaar zurückgeführt werden könnten, nothwendig den festesten Leiter zertrümmern müssten, wenn sie existirten. Ich habe in der vorläufigen Zusammenfassung der hier vorgetragenen Resultate, die ich der Berliner Akademie (Februar 1873) gab, diesen Einwurf erwähnt und kurz bezeichnet, was mir die wahrscheinlichste Quelle des Irrthums in Herrn *Bertrands* Raisonnement zu sein schien. Meine dort gegebene Interpretation seiner Meinung hat mein Gegner aber in dem Compte Rendu vom 10. November 1873 als unrichtig bezeichnet, und eine Auseinandersetzung wiederholt, welche ich vorher nur für eine nicht sehr glücklich gewählte und leicht misszuverstehende Form der Darstellung gehalten und deshalb übergangen hatte. Bei der hervorragenden Stellung, welche Herr *Bertrand* unter den französischen Mathematikern einnimmt, muss ich hier auf die Sache zurückkommen. Um meinem Gegner nichts unterzuschieben, was er nicht selbst gesagt hat, citire ich aus C. R. LXXV p. 863 die Stelle, wo derselbe die Sache in möglichst drastischer Anschaulichkeit beschreibt:

„Lassen Sie uns einen geradlinigen horizontalen Draht annehmen, der ein Meter lang und in 100 Milliarden gleicher Theile getheilt ist, welche die Stelle der unendlich kleinen Elemente in der Formel (nämlich des Potentialgesetzes) vertreten; nehmen wir weiter an, jedes derselben werde durch ein Kräftepaar von zwei verticalen Kräften angegriffen, deren jede dem Gewicht von 1 Milligramm gleich ist. Es kommt hier nicht darauf an, dass solche Kräfte, wenn sie auf einen als absolut fest betrachteten Stab einwirken, sich nach den Regeln der Statik in ein Kräftepaar von sehr kleinem Moment zusammensetzen würden, welches, ohne Zweifel, unfähig sein würde, einen Spinnenfaden zu zerreissen; muss der Kupferdraht, welcher nach oben gezogen wird durch 100 Milliarden Milligramm, das heisst durch 100000 Kilogramm, und nach unten durch eine gleiche Kraft, nicht augenblicklich zerrissen werden? Und man bemerke wohl, es handelt sich nicht nur um sehr kleine, sondern um unendlich kleine Elemente; man muss also die Existenz nicht nur von 100 Milliarden solcher Kräfte voraussetzen, sondern von einer unendlichen Zahl, und wie klein auch der Werth jeder einzelnen derselben wäre, der Faden müsste einen unendlich grossen Widerstand entwickeln können, um fest zu bleiben."

Im C. R. T. LXXVII p. 1050—1051, wo mich Herr *Bertrand* darüber tadelt, dass ich so entscheidender Auseinandersetzungen gar nicht Erwähnung gethan hätte, fasst er dies Beispiel noch einmal zusammen: „Betrachten wir einen geradlinigen Stab, der *an seinen Enden* von gleichen und entgegengesetzten Kräften von unendlicher Intensität gezogen wird" u. s. w. Hier sind die Kräfte, die ein Jahr früher wenigstens noch über den ganzen Stab vertheilt waren, jetzt ganz an die Enden verlegt.

Wenn Herr *Bertrand* Recht hat, so werden wir uns hüten müssen, einen stählernen Magnetstab je von Osten nach Westen zu richten, denn dann müsste derselbe in Staub zerfallen. An einem solchen können wir uns durch den Versuch überzeugen, dass jedes durch zwei zur magnetischen Axe senkrechte Querschnitte aus dem Stabe herausgetrennte Stück, so klein und kurz es auch sein mag, noch immer seine zwei Pole hat, und wenn die Magnetisirung des Stabes in seiner ganzen Länge gleichmässig gewesen ist, so ist die Anziehungskraft des Erdmagnetismus auf jeden Pol jedes kleinsten Stückes gleich gross. Jedes von ihnen wird also vor der Trennung, wie nach der Trennung, vom Erdmagnetismus gerichtet durch ein Kräftepaar, dessen zwei Kräfte endliche Grösse behalten, so klein auch die der magnetischen Axe parallele Länge des betreffenden Stücks sein mag. Nehmen wir an, diese Kraft sei gleich der Schwere von einem Milligramm. Theilen wir die Länge des Magnetstabes in 100 Milliarden Theile u. s. w., so ergiebt sich bei ostwestlicher Richtung des Stabes, dass 100000 Kilogramm den Magneten nach Norden reissen, andere 100000 Kilogramm nach Süden. Müssen wir nun wirklich mit Herrn *Bertrand* schliessen, dass der Magnet unter solchen Umständen zerrissen wird? Die Natur entscheidet gegen die Meinung des berühmten Akademikers, und Alle, die sich bisher mit mathematischer Mechanik beschäftigt haben, nicht blos ich allein, haben in diesem, wie allen ähnlichen Fällen geglaubt, die mechanische Theorie sei hier vollständig im Einklang mit dem, was in Wirklichkeit geschieht.

Man denke sich zwei Längenelemente eines Stabes ab und bc in Richtung der x. Es sei ab afficirt von den beiden, ein Paar bildenden, Kräften $-Y$ in a und $+Y$ in b. Ein gleiches Paar wirke auf bc, nämlich eine Kraft $-Y$ in b und $+Y$ in c. Die Summe der virtuellen Momente der beiden Kräfte $+Y$ und $-Y$, welche die beiden Seiten eines und desselben Querschnitts b des Stabes angreifen, bleibt Null bei allen Bewegungen aller Theile des Stabes, ausser bei solchen, welche den Stab im Querschnitt b zerreissen. Also auf Trennung der beiden Seiten eines Querschnitts wirken immer nur die beiden endlichen Kräfte hin, die ihn direct angreifen. Die Cohäsion des Leiters braucht folglich in jedem Querschnitte nur zwei endlichen Kräften zu widerstehen. Bei allen anderen Bewegungen werden die beiden Kräfte, welche jeden einzelnen Querschnitt angreifen, sich aufheben, und so bleibt schliesslich nichts von allen diesen Kräften übrig als die erste am Anfang des ersten und die letzte am Ende des letzten Längenelements dx, also zwei endliche Kräfte, welche ein endliches Moment hervorbringen.

Ich muss gestehen, Herrn *Bertrands* Rechnung scheint mir allen wohlbewährten Principien der Mechanik und der Differentialrechnung zu widersprechen; ich ziehe desshalb vor zu glauben, dass ich seine wahre Meinung nicht gefunden und nicht verstanden habe. Wenn er seine Ansicht darüber auseinandersetzen will, warum ein von Osten nach Westen gerichteter Magnetstab nicht zertrümmert wird, trotzdem er sich, so weit ich sehe, genau unter derselben Art von Kraftwirkung befindet, wie ein von einem elektrischen Strome durchflossener Draht nach den von mir aus dem Potentialgesetze gezogenen Folgerungen, so werde ich vielleicht verstehen können, welchen Sinn die von ihm angestellte Betrachtung haben soll.

§. 16. Die elektrodynamischen Kräfte in körperlichen Leitern.

Der von Herrn *F. E. Neumann* aufgestellte Werth des elektrodynamischen Potentials soll die durch die elektrodynamischen Kräfte bei Bewegungen der ponderablen Leiter zu leistende ponderomotorische Arbeit geben unter der Voraussetzung, dass die Intensität der Strömungen in jedem linearen Leiter während der Bewegung ungeändert bleibt. Die Aenderungen des Potentials, welche von Aenderungen in der Intensität der Strömungen abhängen, seien diese nun durch Aenderungen des Widerstandes oder der elektromotorischen Kräfte hervorgebracht, haben keinen Einfluss auf den ponderomotorischen Theil der geleisteten Arbeit.

Die ponderomotorischen Kräfte hängen eben nur ab von den Stromstärken, wie sie zur Zeit der Wirkung bestehen, nicht von deren Veränderungen. Die Auseinandersetzungen des vorigen Paragraphen für unverzweigte Leiter lassen sich ohne Schwierigkeit auf zwei beliebig verzweigte Systeme linearer Leiter übertragen. An jedem Verzweigungspunkte ist

$$\frac{de}{dt} = \Sigma[\pm i] = 0,$$

wenn man mit i die Intensitäten der Strömung in den einzelnen von dort ausgehenden Zweigen bezeichnet, und das $-$ Zeichen für die Strömungen benutzt, deren positive Richtung von dem genannten Punkte ausgeht, das $+$ Zeichen für die, deren positive Richtung auf den Punkt hingeht. Wenn aber $\frac{de}{dt} = 0$ ist, so ist auch die Summe der elektrodynamischen Wirkungen gleich Null, welche von dem besprochenen Verzweigungspunkte als Endpunkte mehrerer Strömungen ausgehen, oder auf ihn einwirken. Wenn durch die Bewegung einzelne Fäden des Netzes gedehnt, andere verkürzt werden, und die Stromvertheilung wegen veränderten Widerstandes solcher Zweige sich ändert, so wird dies ebenso wenig, wie bei einfachen unverzweigten Leitungen auf die ponderomotorischen Kräfte Einfluss haben.

Von dem Falle eines verzweigten Leiters kann man durch immer steigende Anzahl der Verzweigungspunkte übergehen zu einem im Raume ausgedehnten Leiter von drei Dimensionen. Wenn man sich einen solchen in Fäden abgetheilt denkt, welche überall den Stromlinien parallel gerichtet sind, so dass von keinem dieser Fäden zu seinen Nachbarn Elektricität bei der bestehenden Stromvertheilung überfliesst, so wird die elektrodynamische Wirkung dieselbe sein müssen, als wären dieselben Stromfäden als lineare Leiter vorhanden und von einander durch nichtleitende Zwischenräume isolirt. *Will man den Neumannschen Begriff des elektrodynamischen Potentials auf körperlich ausgedehnte Leiter übertragen, so wird man bei der Variation des Potentials für die Berechnung der geleisteten mechanischen Arbeit die Stromstärke in jedem, aus denselben materiellen Theilen gebildeten Stromfaden als unveränderlich betrachten müssen.*

Wir wollen die Stromcomponenten der elektrischen Strömung im Punkte x, y, z mit u, v, w bezeichnen, die Componenten der Geschwindigkeit des materiellen Leiters dagegen mit α, β, γ. Das Linienelement Ds wird die Richtung der elektrischen Strömung haben, wenn

$$Dx : Dy : Dz : Ds = u : v : w : \sqrt{u^2+v^2+w^2}.$$

Wenn wir nun unter q den Querschnitt eines unendlich dünnen Stromfadens verstehen, dessen Axe ds ist, und von dem das unendlich kleine Stück ds als cylindrisch betrachtet werden kann, so ist $q\sqrt{u^2+v^2+w^2}$ die Stromintensität in diesem Stromfaden, und qds sein Volumen, welches wir mit $D\omega$ bezeichnen wollen, also die Stromintensität

$$i = \frac{D\omega}{Ds}\sqrt{u^2+v^2+w^2} = \frac{u}{Dx}D\omega = \frac{v}{Dy}D\omega = \frac{w}{Dz}D\omega.$$

Wenn also für das betreffende Stück des Stromfadens bei der Variation der Grössen x, y, z das i unverändert bleiben soll, so haben wir:

$$0 = \delta\left[\frac{u}{Dx}D\omega\right] = \delta\left[\frac{v}{Dy}D\omega\right] = \delta\left[\frac{w}{Dz}D\omega\right].$$

Die erste dieser Gleichungen giebt:

$$0 = \frac{D\omega}{Dx}\delta u + \frac{u}{Dx}\delta D\omega - \frac{u}{Dx^2}D\omega.\delta Dx$$

oder

$$(3.) \qquad \delta u = u\frac{\delta Dx}{Dx} - u\frac{\delta D\omega}{D\omega}.$$

Das zweite Glied rechts in dieser Gleichung ist die relative Volumvergrösserung in der Umgebung des Punktes x, y, z, und diese ist nach bekannten Sätzen, wenn δx, δy, δz continuirliche Functionen der Coordinaten sind:

$$\frac{\delta D\omega}{D\omega} = \frac{d\delta x}{dx} + \frac{d\delta y}{dy} + \frac{d\delta z}{dz}.$$

Ferner ist

$$\delta Dx = \frac{d\delta x}{dx}\cdot Dx + \frac{d\delta x}{dy}\cdot Dy + \frac{d\delta x}{dz}\cdot Dz,$$

also

$$(3^a.)\qquad u\frac{\delta Dx}{Dx} = u\cdot\frac{d\delta x}{dx}+v\cdot\frac{d\delta x}{dy}+w\cdot\frac{d\delta x}{dz},$$

und die Gleichung für δu ergiebt:

$$(3^b.)\quad\begin{cases}\delta u = \left(v\cdot\frac{d\delta x}{dy}-u\cdot\frac{d\delta y}{dy}\right)+\left(w\cdot\frac{d\delta x}{dz}-u\cdot\frac{d\delta z}{dz}\right),\\ \text{dem entsprechend}\\ \delta v = \left(u\cdot\frac{d\delta y}{dx}-v\cdot\frac{d\delta x}{dx}\right)+\left(w\cdot\frac{d\delta y}{dz}-v\cdot\frac{d\delta z}{dz}\right),\\ \delta w = \left(u\cdot\frac{d\delta z}{dx}-w\cdot\frac{d\delta x}{dx}\right)+\left(v\cdot\frac{d\delta z}{dy}-w\cdot\frac{d\delta y}{dy}\right).\end{cases}$$

Der von den beiden Elementen Ds und Ds' abhängige Theil des *Neumann*schen Potentials P_0, wie es oben in (1^c.) gegeben ist, erhält dann den Werth

$$DP_0 = -\frac{A^2 Ds.Ds'}{r}\cdot\sqrt{u^2+v^2+w^2}.\sqrt{u_1^2+v_1^2+w_1^2}\left[\frac{Dx}{Ds}\cdot\frac{Dx'}{Ds'}+\frac{Dy}{Ds}\cdot\frac{Dy'}{Ds'}+\frac{Dz}{Ds}\cdot\frac{Dz'}{Ds'}\right]\cdot q\cdot q'$$

oder da

$$\frac{Dx}{Ds} = \frac{u}{\sqrt{u^2+v^2+w^2}},$$

u. s. w.

$$DP_0 = -A^2\frac{D\omega.D\omega'}{r}\left[uu'+vv'+ww'\right].$$

Wenn man hier nach den Volumenelementen $D\omega$ und $D\omega'$ integrirt, erhält man

$$P_0 = -\tfrac{1}{2}A^2\iint D\omega.D\omega'.\frac{uu'+vv'+ww'}{r}.$$

Der Factor $\frac{1}{2}$ ist hier eingetreten, da bei der Ausdehnung der sechs Integrationen über sämmtliche Punkte des gesammten Leitersystems jede Combination zweier Elemente $D\omega$ und $D\omega'$ zweimal vorkommt. Wären $D\omega$ und $D\omega'$ Volumenelemente zweier getrennter Leiter S und S' und die Integration über x, y, z nur auf S, die nach x', y', z' nur über S' auszudehnen, so würde der Factor $\frac{1}{2}$ wegzulassen sein. Dass diejenigen Elemente des Integrals P_0, welche wegen $r=0$ unendlich werden, das Integral nicht unendlich machen, so lange u, v, w daselbst endlich sind, ist aus der Theorie der Potentialfunctionen bekannt.

Beschränken wir uns zunächst darauf, den hier gegebenen Theil P_0 des Potentials zu variiren und die davon abhängigen Kräfte zu suchen, die wir mit X_0, Y_0, Z_0 bezeichnen wollen, so haben wir

$$(3^d.)\qquad \delta P_0+\int(X_0\delta x+Y_0\delta y+Z_0\delta z)D\omega = 0.$$

Wir setzen wieder die Theilchen des Körpers als frei verschieblich voraus, so dass δx, δy und δz von einander ganz unabhängige, aber continuirliche Functionen der Coordinaten sind. Beschränken wir uns zunächst auf Variation der x, so dass vorläufig $\delta y=\delta z=0$ gesetzt wird, so erhalten wir

$$\delta P_0 = -A^2\iint\frac{d}{dx}\left(\frac{1}{r}\right)\delta x(uu_1+vv_1+ww_1)D\omega.D\omega'$$
$$-A^2\iint\frac{1}{r}[u_1\delta(uD\omega)+v_1\delta(vD\omega)+w_1\delta(wD\omega)]D\omega'.$$

Setzt man nun, nach Gleichung (3.) und (3^a.)

$$\delta(u.D\omega) = uD\omega\cdot\frac{\delta Dx}{Dx}$$
$$= D\omega\cdot\left[u\frac{d\delta x}{dx}+v\frac{d\delta x}{dy}+w\frac{d\delta x}{dz}\right]$$

und entsprechende Werthe für $\delta(v.D\omega)$ und $\delta(w.D\omega)$, so wird:

$$\delta P_0=-A^2\iint\left[\frac{d}{dx}\left(\frac{1}{r}\right)\delta x(uu_1+vv_1+ww_1)+\frac{u_1}{r}\left(u\frac{d\delta x}{dx}+v\frac{d\delta x}{dy}+w\frac{d\delta x}{dz}\right)\right]D\omega.D\omega'.$$

Setzt man nun statt $D\omega$ seinen Werth

$$D\omega = dx.dy.dz,$$

so kann man durch partielle Integration die Differentialquotienten von δx fortschaffen, vorausgesetzt, dass δx *eine continuirliche Function der Coordinaten ist*, oder dass keine Gleitstellen mit absoluter Discontinuität der Bewegung vorkommen. In dem resultirenden Ausdrucke ist die mit δx multiplicirte Grösse nach (3^d.) gleich $-X_0D\omega$ zu setzen. Führen wir die Grössen ein:

$$U' = \int\frac{u'}{r}D\omega',$$

$$V' = \int\frac{v'}{r}D\omega',$$

$$W' = \int\frac{w'}{r}D\omega',$$

und berücksichtigen wir die Gleichung

$$-\frac{de}{dt} = \frac{du}{dx}+\frac{dv}{dy}+\frac{dw}{dz},$$

worin e die Dichtigkeit der freien Elektricität ist, so erhalten wir

$$(3^e.)\qquad X_0 = A^2\left[v\left(\frac{dV'}{dx}-\frac{dU'}{dy}\right)+w\left(\frac{dW'}{dx}-\frac{dU'}{dz}\right)+U'\frac{de}{dt}\right],$$

und für die auf die Flächeneinheit der Oberfläche des Leiters wirkende Kraft, wenn ε die Menge freier Elektricität an dieser Flächeneinheit ist:

$$(3^f.)\qquad \overline{X}_0 = U'\frac{d\varepsilon}{dt}.$$

Dazu kommt nun noch die von dem Theile P_1 des Potentials herrührende Kraft. Ehe man hier variirt, kann man seine Integration vornehmen, wie in (1^b.), und man erhält, wie dort

$$P_1 = -\frac{1-k}{4}A^2\iint\frac{de}{dt}\cdot\frac{d\varepsilon}{dt}r\,D\omega\,.\,D\omega'.$$

Die Integrationen sind beide über die sämmtlichen vorhandenen Volumenelemente auszudehnen, und da sich dabei die Combination jeder zwei Elemente zweimal wiederholt, so ist vorn der Factor $\frac{1}{2}$ hinzugefügt. Dabei ist aber zu bemerken, dass unter diesem $\frac{de}{dt}$ und $\frac{d\varepsilon}{dt}$ auch die Werthe der frei werdenden elektrischen Massen an den vorhandenen Grenzflächen der Leiter mitzubefassen sind.

Da das P_1 eine ähnliche Form, wie die Potentiale anziehender Massen $\frac{de}{dt}$ und $\frac{d\varepsilon}{dt}$ hat, so ergiebt sich in bekannter Weise daraus die Kraft

$$(3^g.)\qquad X_1 = \frac{1-k}{2}A^2\frac{de}{dt}\int\frac{d\varepsilon}{dt}\,\frac{x-\xi}{r}D\omega'.$$

Oder wenn man die in Gleichung (2^c.) meiner ersten Abhandlung gebrauchte Bezeichnung*) beibehält

$$\Psi = \int r\cdot\frac{d\varepsilon}{dt}\cdot D\omega',$$

so ist

$$(3^h.)\qquad X_1 = \left(\frac{1-k}{2}\right)A^2\frac{de}{dt}\,\frac{d\Psi}{dx}.$$

Führt man ferner die anderen ebenda gebrauchten Functionen ein, nämlich

$$U = U' + \frac{1-k}{2}\cdot\frac{d\Psi}{dx},$$

$$V = V' + \frac{1-k}{2}\cdot\frac{d\Psi}{dy},$$

$$W = W' + \frac{1-k}{2}\cdot\frac{d\Psi}{dz},$$

---

*) In dieser Gleichung ist ein Druckfehler. Der Factor 4π im Nenner muss getilgt werden, da $\triangle\varphi = -4\pi\varepsilon$ ist. In den daraus abgeleiteten Gleichungen ist dieser Fehler nicht gemacht worden.

so werden die Ausdrücke der elektrodynamischen Bewegungskräfte einfach folgende:

$$(3^i.)\quad\begin{cases} X = A^2\left[v\left(\frac{dV}{dx}-\frac{dU}{dy}\right)+w\left(\frac{dW}{dx}-\frac{dU}{dz}\right)+U\frac{de}{dt}\right],\\ Y = A^2\left[u\left(\frac{dU}{dy}-\frac{dV}{dx}\right)+w\left(\frac{dW}{dy}-\frac{dV}{dz}\right)+V\frac{de}{dt}\right],\\ Z = A^2\left[u\left(\frac{dU}{dz}-\frac{dW}{dx}\right)+v\left(\frac{dV}{dz}-\frac{dW}{dy}\right)+W\frac{de}{dt}\right]. \end{cases}$$

Dabei ist unter e alle an Flächen und in körperlichen Räumen angesammelte freie Elektricität zu verstehen, ebenso wie dies bei der Bildung der Function Ψ mit $\frac{d\varepsilon}{dt}$ geschehen ist. Dass die mit u, v, w multiplicirten Factoren den Componenten der magnetischen Kraft, welche durch die Ströme erzeugt wird, proportional sind, ist in Gleichung (19^b.) meiner ersten Abhandlung nachgewiesen.

Die in (3^i.) gegebenen Werthe der elektrodynamischen Kräfte haben die *Grassmann*sche Form, nur dass in dieser letztern die auf die freiwerdende Elektricität $\frac{de}{dt}$ wirkenden Kräfte fehlen. Es bleibt noch übrig den von $\frac{de}{dt}$ unabhängigen Theil auf die *Ampère*sche Form zu bringen.

Zu dem Ende führe man in dem Ausdrucke

$$(3^k.)\quad\begin{cases} K = u\frac{dU'}{dx}+v\frac{dU'}{dy}+w\frac{dU'}{dz}\\ \quad = -\iiint u'\frac{[u(x-\xi)+v(y-\eta)+w(z-\zeta)]}{r^3}.d\xi.d\eta.d\zeta \end{cases}$$

eine partielle Integration nach ξ aus, welche ergiebt

$$K = +\int u_1(x-\xi)\frac{[u(x-\xi)+v(y-\eta)+w(z-\zeta)]}{r^3}\cos a.d\omega$$

$$+\iiint(x-\xi)\left[\frac{u_1 u}{r^3}-3\frac{(x-\xi)^2u+(y-\eta)(x-\xi)v+(z-\zeta)(x-\xi)w}{r^5}\right]d\xi.d\eta.d\zeta$$

$$-\iiint(x-\xi)\frac{du_1}{d\xi}\,\frac{[u(x-\xi)+v(y-\eta)+w(z-\zeta)]}{r^3}\,d\xi.d\eta.d\zeta.$$

Mittels der Gleichung

$$-\frac{d\varepsilon}{dt} = \frac{du'}{d\xi}+\frac{dv'}{d\eta}+\frac{dw'}{d\zeta}$$

lässt sich aus dem letzten Integral zuerst das $\frac{du'}{d\xi}$ und dann $\frac{dv'}{d\eta}$ und $\frac{dw'}{d\zeta}$ durch partielle Integration beseitigen. Das giebt

$$K = \iiint \frac{d\varepsilon}{dt}(x-\xi)\frac{[u(x-\xi)+v(y-\eta)+w(z-\zeta)]}{r^3}\,d\xi.d\eta.d\zeta$$

$$-u\frac{dU'}{dx}-v\frac{dV'}{dx}-w\frac{dW'}{dx}$$

$$-3\iiint\frac{(x-\xi)}{r^5}[(x-\xi)u+(y-\eta)v+(z-\zeta)w][(x-\xi)u'+(y-\eta)v'+(z-\zeta)w']d\xi.d\eta.d\zeta.$$

Wenn man nun zur ersten der Gleichungen (3^i.) hinzuaddirt die aus (3^k.) folgende Gleichung:

$$0 = A^2\left[-K+u\frac{dU'}{dx}+v\frac{dU'}{dy}+w\frac{dU'}{dz}\right],$$

so erhält man

$$(3^l.)\quad \begin{cases} X = A^2 U\dfrac{de}{dt} - A^2\displaystyle\iiint\frac{d\varepsilon}{dt}\,\frac{x-\xi}{r^3}[u(x-\xi)+v(y-\eta)+w(z-\zeta)]\,d\xi.d\eta.d\zeta \\ \qquad -A^2\displaystyle\iiint\frac{x-\xi}{r^3}[2\cos(i,j)-3\cos(i,r)\cos(j,r)]\,d\xi.d\eta.d\zeta. \end{cases}$$

Das letzte Glied dieses Ausdrucks ist die *Ampère*sche Kraft zwischen zwei Stromelementen. Das erste Glied rührt her von den Wirkungen auf die freiwerdende Elektricität in x, y, z. Das zweite giebt die Wirkung der anderwärts frei werdenden Elektricität auf die Strömung im Punkte x, y, z. Wird nirgend Elektricität frei, das heisst, sind alle Ströme, die auf einander wirken, geschlossene, so bleibt die *Ampère*sche Kraft allein übrig.

Dadurch ist auch für Leiter von drei Dimensionen, bei denen die Bewegungen der einzelnen Volumenelemente in ganz beliebiger Weise geschehen können, vorausgesetzt nur, dass sie continuirlich für benachbarte Theilchen geschehen und die Stromfäden nicht zerreissen, erwiesen, dass *für geschlossene Strömungen das Potentialgesetz genau dieselben elektrodynamischen Bewegungskräfte ergiebt, wie Ampères Gesetz.*

Der zweite Theil des Werthes von X in (3^l.) ist die x-Componente einer anziehenden Kraft

$$\frac{1}{r}\cdot\frac{d\varepsilon}{dt}\,d\xi.d\eta.d\zeta\left[u\frac{x-\xi}{r}+v\frac{y-\eta}{r}+w\frac{z-\zeta}{r}\right],$$

welche die frei werdende Elektricität $\frac{d\varepsilon}{dt}$ im Volumenelemente $d\xi.d\eta.d\zeta$ auf die von ihr weg in Richtung von r fliessende elektrische Strömung im Punkte x, y, z ausübt.

Der erste Theil jenes Werthes von x endlich entspricht der auf die im Punkte x, y, z frei werdende Elektricität ausgeübten Kraft.

§. 17. Die Anwendung des Potentialgesetzes auf Gleitstellen.

Die in §. 15 angestellten Betrachtungen setzten voraus, dass entweder die Variationen δx, δy, δz continuirliche Functionen der Coordinaten sind, wobei dann die Continuität der Stromleitung erhalten bleibt, oder dass die Stromleitung abbricht, wo die Variationen discontinuirlich werden. Nun können aber auch Fälle vorkommen, in denen man die Bewegung der leitenden Metallstücke als discontinuirlich betrachten kann, und doch die Stromleitung erhalten bleibt. Ein solcher Fall wäre zunächst der, wo die zwei Metallstücke sich trennen, und der Strom zwischen ihnen einen leitenden Bogen von glühendem Metalldampf erzeugt. Hier besteht weiter keine analytische Schwierigkeit in der Anwendung unseres Gesetzes, da das materielle leitende Verbindungsglied sich durch Dehnung aus den vorher an der Berührungsstelle liegenden Metalltheilchen gebildet hat. Hier ist und bleibt das neue Leiterelement, welches die Lücke ausfüllt, für sich bestehend, so lange überhaupt Leitung besteht, und an diesen Fall kann sich also kein Zweifel anknüpfen.

Weniger augenfällig wird das Verhältniss, wenn der Draht, welcher sich von seiner bisherigen Berührungsstelle mit dem anderen Leiter trennt, sogleich wieder mit anderen Stellen des letzteren Leiters in Berührung kommt, so dass sich immer wieder neue Stromfäden anknüpfen, und deshalb der Funkenbogen zwischen beiden Leitern gar nicht oder nur in unterbrochener Weise zur Erscheinung kommt. Dieser Fall würde dem Bestehen einer Gleitstelle zwischen den beiden Leitern entsprechen.

Denkt man sich die Stromfäden construirt, welche durch die Gleitstelle hindurchgehen, und nehmen wir einen absoluten Sprung in den Werthen der Geschwindigkeiten diesseits und jenseits der Gleitfläche an, so würde aus einer solchen Annahme folgen, dass in der Gleitstelle jeder der zur Zeit bestehenden Stromfäden immer und immer wieder zerrissen wird. Die Berechnung der ponderomotorischen Kräfte aus dem Potentialgesetz kann aber nur unter der Voraussetzung geschehen, dass die Strömung in jedem aus denselben materiellen Theilen bestehenden Stromfaden ungeändert bleibt. Wie sich die materiellen Theile des Leiters dabei in dem Faden verschieben, hat keinen Einfluss auf die geleistete Arbeit, da nach der Länge des Leiters keine elektrodynamischen Bewegungskräfte wirken. Man würde also auch in diesem Falle bei der Berechnung der Variationen voraussetzen müssen, dass die abreissenden Stromfäden noch durch ein leitendes Linienelement für einen Augenblick verbunden bleiben. Diese Vorstellung kann unnatürlich oder willkürlich erscheinen, sie ist es aber nicht, wenn wir beachten, dass bei wirklich ausführbaren Versuchen eine absolute Discontinuität der Bewegung gar nicht eintritt, und wenn man von den wirklich vorkommenden Verhältnissen den Uebergang zur Grenze einer theoretisch discontinuirlichen Bewegung der beiden Leiter macht.

Bei der Schwäche der elektrodynamischen Kräfte, welche auf einen einzelnen Leitungsdraht wirken, müssen wir den Draht sehr leicht beweglich machen und doch dafür sorgen, dass an der Gleitstelle sehr gute Leitung des Stromes stattfindet. Um beide Bedingungen gleichzeitig zu erfüllen, kennen wir bisher keine andere Methode, als die, an der Gleitstelle flüssige Leiter, entweder Quecksilber oder Elektrolyten, einzuschalten, deren Grenzschichten an den beiden metallischen Elektroden festhaften, und deren innere Schichten sich so bewegen, dass sie einen continuirlichen Uebergang von der Bewegung der einen zu der der anderen Elektrode herstellen. Hierbei ist von einer wirklichen Discontinuität der Bewegung also gar keine Rede, und auf dergleichen Versuche bleibt die bisher gegebene Beweisführung, dass für geschlossene Ströme das *Ampère*sche und *Neumann*sche Gesetz dieselben Resultate geben, vollkommen anwendbar.

Denkt man sich die flüssige Schicht immer dünner werdend, so kann man die besprochene continuirliche Bewegung einer discontinuirlichen bis zu jedem Grade der Annäherung ähnlicher machen, ohne dass die bisher angestellten Betrachtungen ihre Anwendbarkeit verlieren.

Solche Fälle treten ein, wenn wir zwei harte Metalle auf einander schleifen lassen. Es ist bekannt, dass dies unter ziemlich starkem Druck geschehen muss, wenn eine gute Stromleitung erreicht werden soll; dabei verändern sich die oberflächlichen Schichten der Metalle sehr merklich und reiben sich ab, woraus wir schliessen müssen, dass ihre oberflächlichen Schichten der Bewegung des andern Stücks zum Theile folgen. Bei leicht entzündlichen Metallen, wie Eisen, sprühen dabei Funken auf, welche zeigen, dass der Uebergang der Elektricität zum Theil auch durch kurze Dampfbögen unterhalten wird. Für dergleichen Fälle hat man die elektrodynamischen Bewegungskräfte der Gleitstelle allerdings noch nicht direct beobachtet, doch hat Herr *F. E. Neumann* durch den Versuch gezeigt, dass die inducirten elektromotorischen Kräfte auch in diesen Fällen seinem Potentialgesetze folgen, und daraus folgt nach dem Gesetze von der Erhaltung der Kraft, dass es auch die elektrodynamischen Kräfte thun müssen (s. unten §. 20).

Die Annahme einer Gleitung mit discontinuirlicher Verschiebung ist also den bisher beobachteten Thatsachen gegenüber nur eine Grenze, der die wirklichen Verhältnisse sehr nahe kommen können, und die deshalb analytisch als vereinfachende Darstellung derselben gebraucht werden mag, vorausgesetzt dass man in der Rechnung das richtige Annäherungsverfahren anwendet. Aehnliche Grenzbegriffe haben wir in der mathematischen Physik viele, wie den des absolut festen Körpers, der incompressiblen Flüssigkeit u. s. w., deren Eigenschaften sich aus den allgemeinen Principien der Mechanik (*Newtons* Axiomen) auch nur dann herleiten lassen, wenn man sie als die Grenze der elastischen Körper von grossem Elasticitätscoefficienten ansieht. Thut man dies nicht, so muss man bei ihrer Behandlung noch besondere Hypothesen zu Hilfe nehmen, welche die besondere Art und Weise definiren, wie Kräfte, gegen feste Körper wirkend, zu zerlegen sind.

In unserem Falle ergeben sich also richtige Folgerungen aus dem *Neumann*schen Gesetze, wenn man eine Gleitung mit discontinuirlicher Verschiebung als den Grenzfall continuirlicher Verschiebung ansieht, welche nur auf eine immer dünner werdende Schicht zusammengedrängt wird. Man kann nun entweder so verfahren, dass man aus dem Potentialausdrucke die *Ampère*schen Kräfte herleitet, ehe man die Uebergangsschicht als unendlich dünn gesetzt hat; oder wenn man auf diese unmittelbar den Potentialausdruck anwenden will, das Potential von verschwindend kleinen Stromfadenelementen mitberechnet, welche die gleitenden Flächen verbinden.

Nehmen wir an, dass an der negativen Seite der yz-Fläche die leitende Masse in Ruhe sei, dass zwischen $x = 0$ und $x = \lambda$ deren Geschwindigkeit in Richtung der y sei

$$\mathfrak{v} = \frac{x\beta}{\lambda};$$

dagegen für $x > \lambda$

$$\mathfrak{v} = \beta.$$

Die elektrische Strömung sei senkrecht zur Gleitfläche parallel x und von dem constanten Werthe u_0, so würden in den Schichten zwischen $x = 0$ und $x = \lambda$, wenn jeder materielle leitende Faden seine Stromintensität behielte, nach dem Zeittheilchen dt die Stromcomponenten sein

$$u = u_0,$$

$$v = u_0 \frac{\beta}{\lambda} dt,$$

$$w = 0.$$

Betrachten wir die Dicke λ als verschwindend klein und vernachlässigen wir die Glieder, welche λ in höherer als der ersten Potenz enthalten, so wird der Werth des elektrodynamischen Potentials für das Flächenstück Q dieser verschiebbaren Schicht sein

$$P = -\left(Uu_0 + Vu_0 \frac{\beta}{\lambda} dt\right) Q\lambda,$$

und wenn wir die gesammte Intensität des durch Q gehenden Stromes mit J bezeichnen,

$$J = Qu,$$

so ist

$$\frac{dP}{dt} dt = -VJ\beta dt,$$

also unabhängig von der Dicke λ der verschiebbaren Schicht. Eine Kraft Y, welche an der Ebene $x = \lambda$ angebracht dieselbe Arbeit leisten würde, müsste sein

$$Y\beta dt = -\frac{dP}{dt} \cdot dt,$$

woraus folgt

$$Y = JV.$$

Es ist dies einfach der Werth der Kraft, welche auf die Endfläche der verschiebbaren Schicht wirken würde, wenn sie eine Endfläche des Stromes wäre. Auf diese Endkraft reducirt sich die ganze elektrodynamische Wirkung, welche die übrigen vorhandenen Strömungen auf die verschiebbare Schicht ausüben, sobald diese verschwindend kleine Dicke hat.

Da aber die Fläche $x = \lambda$ in Wahrheit keine Endfläche des durchströmten Leiters ist, sondern an den gleitenden festen Leiter sich anschliesst, so begegnet die Endkraft der sich verschiebenden Schicht der entgegengesetzt gerichteten gleich grossen Endkraft an der Endfläche des festen Leiters; und beide heben sich gegenseitig auf.

Der ganze Einfluss einer solchen unendlich dünnen Uebergangsschicht, wie wir sie angenommen haben, besteht also darin, dass die beiden Endkräfte wegfallen, welche auf die Grenzfläche der beiden Leiter wirken würden, wenn statt der leitenden Uebergangsschicht eine isolirende Zwischenschicht bestände. Das heisst also, es wirken diesseits und jenseits der Gleitfläche nur die *Ampère*schen (oder *Grassmann*schen) Kräfte. Diejenigen Theile dieser Kräfte, welche auf die leitenden Elemente der Uebergangsschicht selbst wirken, sind verschwindend klein, wenn die Dicke der Schicht verschwindend klein ist.

Will man also die elektrodynamische Arbeit direct aus dem Werthe des Potentials berechnen, und dabei die Existenz der Uebergangsschicht vernachlässigen, so muss man an Stelle dieser Schicht zwei Endkräfte an die Grenzflächen der gleitenden Leiter hinzugefügt denken, welche denjenigen gerade entgegengesetzt sind, die ebenda auf Endflächen der Strömung wirken würden. Denn die genannten Grenzflächen sind eben keine Endflächen der Strömung. Diese Art der Darstellung vereinfacht die Berechnung der Wirkung oft in hohem Grade. Nehmen wir zum Beispiel das von Herrn *Riecke* angeführte Beispiel, wo der bewegliche Theil des Leiters der Radius eines Kreises ist, der an der leitenden Peripherie des Kreises gleitet, und die Zuleitung des Stromes zum Centrum des Kreises, die Ableitung von der Peripherie symmetrisch zur Axe geschieht, während die elektrodynamische Wirkung von starken Kreisströmen ausgeht, die concentrisch mit dem Gleitkreise angebracht sind. In einem solchen Falle rotirt bekanntlich der Radius entgegengesetzt der positiven Elektricität in den Kreisströmen. Herr *Riecke* hat Recht, dass in diesem Falle das Potential, welches die Kreisströme auf den Radius ausüben, sich bei dessen Bewegung nicht ändert, weil er immerfort in symmetrischer Lage zu ihnen bleibt. Aber die Stromfäden in der Gleitstelle gehen fortdauernd aus der radialen in die tangentiale Richtung über, und deren Potential gegen die Kreisströme ist in erster Lage Null, in zweiter Lage hat es einen von Null verschiedenen Werth. Die Vorgänge in der Gleitstelle allein sind in diesem Falle das Treibende, und aus unserer Darstellung ergiebt sich, dass der Werth der drehenden Kraft einfach zu finden ist, indem man die Endkraft für die gleitende Spitze berechnet, und diese negativ nimmt.

An ähnlichen Beispielen hat Herr *C. Neumann* Anstoss genommen *) und leugnet deshalb die Anwendbarkeit des von seinem Vater aufgestellten Potentialgesetzes auf Stromelemente. Die absolute Discontinuität der Bewegung in der Gleitstelle, welche die Schwierigkeit (das Zerreissen der Stromfäden) herbeiführt, ist aber nur eine mathematische Fiction. Nimmt man sie streng, so giebt das Potentialgesetz, welches Fortdauer des Stroms in denselben materiellen Stromfäden voraussetzt, keine falsche, sondern überhaupt gar keine

---

*) Die elektrischen Kräfte. Leipzig 1873. S. 77—79.

Auskunft für die Stellen, wo die Fäden zerreissen. Den richtigen Werth findet man auf dem von uns eingeschlagenen Wege, welcher die den wirklichen Verhältnissen entsprechende Art der Annäherung an die Discontinuität analytisch ausdrückt.

§. 18. Die elektrodynamische Induction.

Herr *F. E. Neumann* hat das von ihm aufgestellte Gesetz der Induction im Anfange der oben citirten Abhandlung auch nur für geschlossene lineare Ströme erwiesen. In der ersten meiner elektrodynamischen Abhandlungen (Bd. 72 dieses Journals) habe ich seine Anwendung ausgedehnt auf die durch Aenderung der Stromstärke hervorgerufene Induction in ruhenden Leitern von drei Dimensionen mit ungeschlossenen Strömungen. Dasselbe ist hier noch zu thun für die allgemeinsten Fälle der Induction, bei denen gleichzeitig Aenderungen der Stromintensität und der Lage der Leiter vorkommen.

Die elektromotorische Kraft, welche auf das Element Ds eines Stromfadens einwirkt, ist, wenn wir die bisher gewählten Maasseinheiten beibehalten und die *Neumann*schen Sätze, welche zunächst nur für Leiter von endlicher Länge aufgestellt sind, auf deren einzelne Längenelemente übertragen, unabhängig von der Stromstärke in Ds selbst, und gleich der Geschwindigkeit der Aenderung des Potentials $\frac{dP}{dt}$, welches sämmtliche vorhandenen Ströme auf das von der Einheit der Stromstärke durchflossene materielle leitende Element Ds hervorbringen.

Für zwei lineare Stromelemente Ds und $D\sigma$ mit den Stromstärken i und j können wir setzen

$$(4.)\qquad DP = i\cdot j\cdot A^2\cdot\left[\frac{1}{r}\cdot\frac{dr}{ds}\cdot\frac{dr}{d\sigma}+\frac{1+k}{2}\cdot\frac{d^2r}{ds.d\sigma}\right]Ds\cdot D\sigma,$$

oder wie in (1.)

$$DP = -\tfrac{1}{2}A^2\cdot\frac{i.j}{r}\cdot[(1+k)\cos(Ds,D\sigma)+(1-k)\cos(r,Ds).\cos(r,D\sigma)].Ds.D\sigma.$$

Die inducirte Kraft $\mathfrak{R}$ für die Längeneinheit der Stromleiter s und σ wäre nach dem eben ausgesprochenen Principe durch folgende Beziehung gegeben

$$(4^a.)\qquad \mathfrak{R}.Ds.D\sigma = \frac{A^2}{\delta t}\cdot\delta\left\{j\cdot\left[\frac{1}{r}\cdot\frac{dr}{ds}\cdot\frac{dr}{d\sigma}+\frac{1+k}{2}\cdot\frac{d^2r}{ds.d\sigma}\right]\cdot Ds\cdot D\sigma\right\}$$

oder

$$\mathfrak{R}.Ds.D\sigma = -\frac{A^2}{2\delta t}\cdot\delta\left\{\frac{j}{r}\cdot[(1+k)\cos(Ds,D\sigma)+(1-k)\cos(r,Ds).\cos(r,D\sigma)].Ds.D\sigma\right\}.$$

Bezeichnen wir mit $\mathfrak{R}_1$ die entsprechende inducirte Kraft, die im Stromleiter σ wirkt, so ist

$$\mathfrak{R}_1 . Ds . D\sigma = \frac{A^2}{\delta t} \cdot \delta \left\{ i \cdot \left[\frac{1}{r} \cdot \frac{dr}{ds} \cdot \frac{dr}{d\sigma} + \frac{1+k}{2} \cdot \frac{d^2 r}{ds . d\sigma} \right] \cdot Ds \cdot D\sigma \right\}$$

und die Arbeit $\delta \mathfrak{W}$, welche die ponderomotorischen Kräfte an den Längeneinheiten der Stromleiter verrichten,

$$(4^b.) \quad \delta \mathfrak{W} . Ds . D\sigma = -A^2 . i . j \, \delta \left\{ \left[\frac{1}{r} \cdot \frac{dr}{ds} \cdot \frac{dr}{d\sigma} + \frac{1+k}{2} \cdot \frac{d^2 r}{ds . d\sigma} \right] \cdot Ds \cdot D\sigma \right\} .$$

Daraus folgt

$$(4^c.) \quad \delta(DP) = [(\mathfrak{R} . i + \mathfrak{R}_1 . j)\delta t + \delta \mathfrak{W}] . Ds . D\sigma .$$

Diese letztere Gleichung ist, wie wir später sehen werden, der Ausdruck des Gesetzes von der Erhaltung der Kraft.

Wenn wir diese Ausdrücke auf Leiter von drei Dimensionen übertragen wollen, so müssen wir die Aenderung des Potentials P suchen für ein Stück Ds eines aus denselben materiellen Theilchen bestehenden, und von der Stromstärke $J = 1$ durchströmten Stromfadens. Sind Dx, Dy, Dz die Projectionen von Ds auf die Coordinatenaxen, so ist der Theil von P, der sich auf Ds bezieht, mit Benutzung der schon früher gebrauchten Zeichen

$$(5.) \quad P Ds = -JA^2 [U . Dx + V . Dy + W . Dz] .$$

Dieser Ausdruck bleibt nach bekannten Sätzen endlich, auch wenn das Element Ds des Stromfadens innerhalb desselben Raumes liegt, der die Elemente für die Integrale U, V, W liefert. Ich werde im Folgenden diese Grössen als Functionen der Zeit und der Coordinaten x, y, z des im Raume festen Punktes betrachten, auf den sie sich beziehen. Die Variationen δU, δV, δW sollen also die Veränderungen bezeichnen, welche U, V, W in dem festen Raumpunkte x, y, z durch Aenderungen der Stromstärke und Bewegungen der übrigen Stromelemente erleiden. Dagegen wollen wir $\delta(U)$, $\delta(V)$, $\delta(W)$ gebrauchen, um die Aenderungen in dem bewegten materiellen Punkte zu bezeichnen, der zu Anfang der Zeit δt im Punkte x, y, z sich befindet. Es ist also

$$\delta(U) = \delta U + \frac{dU}{dx} \cdot \delta x + \frac{dU}{dy} \cdot \delta y + \frac{dU}{dz} \cdot \delta z ,$$

wenn δx, δy und δz die Verschiebungen bezeichnen, welche jener materielle Punkt im Zeittheilchen δt erlitten hat. Die Veränderung von Dx ist, wie sich leicht ergiebt,

$$\delta Dx = \frac{d\delta\xi}{dx}\cdot Dx + \frac{d\delta\xi}{dy}\cdot Dy + \frac{d\delta\xi}{dz}\cdot Dz.$$

Mit Berücksichtigung dieser Werthe ergiebt Gleichung (5.), da $J = 1$,

$$(5^a.)\qquad \mathfrak{R}.Ds.\delta t = \delta(P.Ds) = (\mathfrak{X}.Dx + \mathfrak{Y}.Dy + \mathfrak{Z}.Dz)\delta t,$$

worin gesetzt ist

$$(5^b.)\quad \begin{cases} \mathfrak{X}.\delta t = -A^2\left[\delta(U) + U\cdot\frac{d\delta x}{dx} + V\cdot\frac{d\delta y}{dx} + W\cdot\frac{d\delta z}{dx}\right], \\ \mathfrak{Y}.\delta t = -A^2\left[\delta(V) + U\cdot\frac{d\delta x}{dy} + V\cdot\frac{d\delta y}{dy} + W\cdot\frac{d\delta z}{dy}\right], \\ \mathfrak{Z}.\delta t = -A^2\left[\delta(W) + U\cdot\frac{d\delta x}{dz} + V\cdot\frac{d\delta y}{dz} + W\cdot\frac{d\delta z}{dz}\right]. \end{cases}$$

Setzen wir statt der Verschiebungen δx, δy und δz die entsprechenden Componenten der Geschwindigkeit

$$\delta x = \alpha.\delta t,$$
$$\delta y = \beta.\delta t,$$
$$\delta z = \gamma.\delta t,$$

so ergeben sich die Werthe der Grössen $\mathfrak{X}$, $\mathfrak{Y}$, $\mathfrak{Z}$, welche, wie Gleichung (5^a.) zeigt, die den Coordinatenaxen parallelen Componenten der inducirten elektromotorischen Kraft $\mathfrak{R}$ sind, wie folgt:

$$(5^c.)\quad \begin{cases} \mathfrak{X} = -A^2\left[\frac{\delta U}{\delta t} + \alpha\cdot\frac{dU}{dx} + \beta\cdot\frac{dU}{dy} + \gamma\cdot\frac{dU}{dz} + U\cdot\frac{d\alpha}{dx} + V\cdot\frac{d\beta}{dx} + W\cdot\frac{d\gamma}{dx}\right], \\ \mathfrak{Y} = -A^2\left[\frac{\delta V}{\delta t} + \alpha\cdot\frac{dV}{dx} + \beta\cdot\frac{dV}{dy} + \gamma\cdot\frac{dV}{dz} + U\cdot\frac{d\alpha}{dy} + V\cdot\frac{d\beta}{dy} + W\cdot\frac{d\gamma}{dy}\right], \\ \mathfrak{Z} = -A^2\left[\frac{\delta W}{\delta t} + \alpha\cdot\frac{dW}{dx} + \beta\cdot\frac{dW}{dy} + \gamma\cdot\frac{dW}{dz} + U\cdot\frac{d\alpha}{dz} + V\cdot\frac{d\beta}{dz} + W\cdot\frac{d\gamma}{dz}\right]. \end{cases}$$

Diese Werthe lassen sich auch schreiben:

$$(5^d.)\quad \begin{cases} \mathfrak{X} = -A^2\left[\frac{\delta U}{\delta t} + \beta\left(\frac{dU}{dy} - \frac{dV}{dx}\right) + \gamma\left(\frac{dU}{dz} - \frac{dW}{dx}\right) + \frac{d}{dx}(U\alpha + V\beta + W\gamma)\right], \\ \mathfrak{Y} = -A^2\left[\frac{\delta V}{\delta t} + \alpha\left(\frac{dV}{dx} - \frac{dU}{dy}\right) + \gamma\left(\frac{dV}{dz} - \frac{dW}{dy}\right) + \frac{d}{dy}(U\alpha + V\beta + W\gamma)\right], \\ \mathfrak{Z} = -A^2\left[\frac{\delta W}{\delta t} + \alpha\left(\frac{dW}{dx} - \frac{dU}{dz}\right) + \beta\left(\frac{dW}{dy} - \frac{dV}{dz}\right) + \frac{d}{dz}(U\alpha + V\beta + W\gamma)\right]. \end{cases}$$

Die ersten Theile dieser Ausdrücke $\frac{\delta U}{\delta t}$, $\frac{\delta V}{\delta t}$ und $\frac{\delta W}{\delta t}$ geben die inducirten Kräfte, denen das Leiterelement ausgesetzt sein würde, auch wenn es nicht selbst bewegt würde. Wenn wir die in Gleichung (19^b.) meiner Abhandlung im 72. Bande eingeführten Werthe der magnetischen Kraftcomponenten $\mathfrak{L}$, $\mathfrak{M}$, $\mathfrak{N}$ anwenden

$$(5^e.)\quad \begin{cases} \mathfrak{L} = A\left[\frac{dV}{dz} - \frac{dW}{dy}\right], \\ \mathfrak{M} = A\left[\frac{dW}{dx} - \frac{dU}{dz}\right], \\ \mathfrak{N} = A\left[\frac{dU}{dy} - \frac{dV}{dx}\right], \end{cases}$$

so erhalten die zweiten in (5^d.) mit α, β, γ multiplicirten Theile der obigen Kräfte, die wir mit $\mathfrak{X}_1$, $\mathfrak{Y}_1$, $\mathfrak{Z}_1$ bezeichnen wollen, die Werthe

$$\begin{aligned} \mathfrak{X}_1 &= -A[\beta\mathfrak{N} - \gamma\mathfrak{M}], \\ \mathfrak{Y}_1 &= -A[\gamma\mathfrak{L} - \alpha\mathfrak{N}], \\ \mathfrak{Z}_1 &= -A[\alpha\mathfrak{M} - \beta\mathfrak{L}], \end{aligned}$$

woraus folgt

$$(5^f.)\quad \mathfrak{X}_1 Dx + \mathfrak{Y}_1 Dy + \mathfrak{Z}_1 Dz = -A[\mathfrak{L}(\gamma Dy - \beta Dz) + \mathfrak{M}(\alpha Dz - \gamma Dx) + \mathfrak{N}(\beta Dx - \alpha Dy)].$$

Das ist die durch Bewegung des Leiterelements Ds quer durch die Richtung der magnetischen Kraftlinien erzeugte inducirende Kraft.

Endlich der letzte Theil der Werthe von $\mathfrak{X}$, $\mathfrak{Y}$, $\mathfrak{Z}$, der die Differentialquotienten von $(U\alpha + V\beta + W\gamma)$ enthält, und den wir beziehlich mit $\mathfrak{X}_2$, $\mathfrak{Y}_2$, $\mathfrak{Z}_2$ bezeichnen wollen, giebt für einen linearen Leiter, dessen Längenelemente Ds sind,

$$(5^g.)\quad \int(\mathfrak{X}_2 Dx + \mathfrak{Y}_2 Dy + \mathfrak{Z}_2 Dz) = -\overline{\underline{(U\alpha + V\beta + W\gamma)}},$$

wo der Ausdruck rechts die Differenz der den Grenzen der Integration angehörigen Werthe bezeichnet. Er wird gleich Null, wenn die Integration über eine geschlossene Curve ausgedehnt wird.

Ich will hier nur noch an die seit *Ampère* bekannten Beziehungen zwischen $\mathfrak{L}$, $\mathfrak{M}$, $\mathfrak{N}$ und U, V, W erinnern. Es sei $d\omega$ das Flächenelement einer einfach zusammenhängenden Fläche, und es seien a, b, c die Winkel, welche die Normale dieses Elements mit den Coordinatenaxen macht, ds aber das Linienelement der Grenzcurve, so ergiebt sich mit Benutzung der in (5^e.) gegebenen Werthe, wenn $\mathfrak{L}$, $\mathfrak{M}$, $\mathfrak{N}$ und U, V, W in der Fläche überall stetig und endlich sind,

$$\begin{aligned} i\iint(\mathfrak{L}.\cos a + \mathfrak{M}.\cos b + \mathfrak{N}.\cos c)\,d\omega &= i\iint(\mathfrak{L}.dy.dz + \mathfrak{M}.dx.dz + \mathfrak{N}.dx.dy) \\ &= i\int(U.dx + V.dy + W.dz) = \int(U.u + V.v + W.w)\,ds, \end{aligned}$$

worin die ersten beiden Integrale über die ganze Fläche, das letzte über die ganze Umfangslinie auszudehnen sind. Das elektrodynamische Potential für die vom Strome i durchflossene Umfangslinie findet sich gleich dem magnetischen Potential für die Fläche, wenn deren Flächeneinheit das magnetische Moment i in Richtung ihrer Normale hat. Es entspricht dies dem von *Ampère* aufgestellten Satze, wonach die ponderomotorische Einwirkung eines geschlossenen Stromes auf andere Ströme oder Magneten, gleich der magnetischen Einwirkung einer in der angegebenen Art magnetisirten und von der Stromlinie begrenzten Fläche ist.

Daraus ergiebt sich weiter, dass die inducirte elektromotorische Kraft in der ganzen Länge der Grenzcurve gleich ist der Grösse

$$\frac{d}{dt}\iint [L.\cos a + M.\cos b + N.\cos c]\, d\omega.$$

Die unter dem Integralzeichen stehende Grösse ist die in Richtung der Normale von $d\omega$ wirkende magnetische Richtkraft, multiplicirt mit $d\omega$. Nennen wir diese R, und beschränkt sich die Fläche auf ihr eines Element $d\omega$, so ist die längs des ganzen Umfangs von $d\omega$ inducirte elektromotorische Kraft

$$\frac{d}{dt}(R.d\omega).$$

§. 19. Die Erhaltung der Energie.

Wir haben noch zu untersuchen, in wiefern die gefundenen ponderomotorischen Kräfte X, Y, Z der Gleichung (3^c.) und die elektromotorischen $\mathfrak{X}$, $\mathfrak{Y}$, $\mathfrak{Z}$ der Gleichungen (5^b.) die Forderungen des Gesetzes von der Erhaltung der Energie erfüllen. Wir wollen zunächst die Werthe beider Arten von Kräften als unbekannt betrachten und aus der Constanz der Energie den Zusammenhang herleiten, der zwischen beiden besteht.

Wenn wir den Leitungswiderstand der Volumeneinheit eines körperlich ausgedehnten Leiters, nach denselben Einheiten gemessen wie in den Gleichungen (3^b.) meiner ersten Abhandlung, mit $\varkappa$ bezeichnen, so sind die Gleichungen der elektrischen Strömung:

$$(6.)\quad \begin{cases} \varkappa u = -\dfrac{d\varphi}{dx} + \mathfrak{X} + \mathfrak{A}, \\[2mm] \varkappa v = -\dfrac{d\varphi}{dy} + \mathfrak{Y} + \mathfrak{B}, \\[2mm] \varkappa w = -\dfrac{d\varphi}{dz} + \mathfrak{Z} + \mathfrak{C}. \end{cases}$$

Darin ist φ die elektrostatische Potentialfunction, und $\mathfrak{A}$, $\mathfrak{B}$, $\mathfrak{C}$ sind die anderweitigen elektromotorischen Kräfte hydroelektrischen oder thermoelektrischen Ursprungs, welche etwa mitwirken.

Multipliciren wir die erste dieser Gleichungen mit $u\,dt$, die zweite mit $v\,dt$, die dritte mit $w\,dt$, addiren und integriren die ganze Summe über den ganzen Raum, so erhalten wir

$$(6^a.)\quad \begin{cases} \delta t\iiint \varkappa(u^2+v^2+w^2)\,dx.dy.dz = \delta t\iiint[\mathfrak{A}u+\mathfrak{B}v+\mathfrak{C}w]\,dx.dy.dz, \\ \qquad -\delta t\iiint\left[u\cdot\frac{d\varphi}{dx}+v\cdot\frac{d\varphi}{dy}+w\cdot\frac{d\varphi}{dz}\right]dx.dy.dz, \\ \qquad +\delta t\iiint[\mathfrak{X}u+\mathfrak{Y}v+\mathfrak{Z}w]\,dx.dy.dz. \end{cases}$$

Das Integral links ist das Arbeitsäquivalent der in den Stromleitern während des Zeittheilchens δt entwickelten Wärme. Das erste Integral rechts ist das Arbeitsäquivalent der bei der Strömung aufgebrauchten chemischen Kräfte in hydroelektrischen Erregern, beziehlich der durch das *Peltier*sche Phänomen aufgebrauchten Wärme in thermoelektrischen Erregern, wie ich dies schon in meinem Büchlein über die Erhaltung der Kraft entwickelt habe. Das zweite Integral links ist das durch die elektrischen Strömungen verloren gegangene Arbeitsäquivalent elektrostatischer Kräfte, wie die zur Gleichung (5^a.) meiner Abhandlung im 72. Bande dieses Journals gegebenen Erläuterungen mit Berücksichtigung von (4^b.) ebendaselbst zeigen.

Daraus folgt, dass das dritte Integral der rechten Seite, welches wir mit $Q\,\delta t$ bezeichnen wollen,

$$(6^b.)\qquad Q = \iiint(\mathfrak{X}u+\mathfrak{Y}v+\mathfrak{Z}w)\,dx.dy.dz$$

dasjenige Arbeitsäquivalent darstellt, welches die inducirten elektromotorischen Kräfte zur Wärmeentwickelung in der Leitung beigetragen haben. Ausserdem haben die ponderomotorischen Kräfte der elektrischen Ströme mechanische Arbeit erzeugt, deren Betrag $\mathfrak{W}\,\delta t$ ist,

$$(6^c.)\qquad \mathfrak{W} = \iiint(X\alpha+Y\beta+Z\gamma)\,dx.dy.dz,$$

worin α, β, γ, wie im vorigen Paragraphen, die Geschwindigkeitscomponenten des materiellen Volumenelements $dx.dy.dz$ in Richtung der x, y und z bezeichnen.

Diese letzten beiden Arbeitsäquivalente $Q\,\delta t$ und $\mathfrak{W}\,\delta t$ sind nun zu leisten auf Kosten des Arbeitswerthes der elektrischen Strömungen, den wir in Gleichung (4^a.) meiner ersten Abhandlung mit Φ_0 bezeichnet haben:

$$(6^d.) \qquad \Phi_0 = \tfrac{1}{2}A^2\iiint(U.u+V.v+W.w)\,dx.dy.dz;$$

und wir haben also

$$(6^e.) \qquad Q+\mathfrak{W} = -\frac{d\Phi_0}{dt},$$

als Ausdruck des Gesetzes von der Erhaltung der Kraft.

Wenn wir in den Werth von $\mathfrak{W}$ der Gleichung (6^c.) die von uns aus dem Potentialgesetz hergeleiteten Werthe der Kräfte X, Y, Z der Gleichung (3.) setzen, darin aber die Grösse $\frac{de}{dt}$ durch ihren Werth ersetzen, nämlich in Volumenelementen

$$\frac{de}{dt} = -\frac{du}{dx}-\frac{dv}{dy}-\frac{dw}{dz},$$

und in Flächenelementen an der Grenze der Leiter

$$\frac{de}{dt} = u.\cos a+v.\cos b+w.\cos c,$$

endlich die Differentialquotienten von u, v, w durch partielle Integration beseitigen, so erhalten wir einen Ausdruck von der Form

$$(6^f.) \qquad \mathfrak{W} = A^2\iiint[\mathfrak{P}.u+\mathfrak{Q}.v+\mathfrak{R}.w]\,dx.dy.dz,$$

worin

$$(6^g.) \quad \begin{cases} \mathfrak{P} = \beta\left(\frac{dU}{dy}-\frac{dV}{dx}\right)+\gamma\left(\frac{dU}{dz}-\frac{dW}{dx}\right)+\frac{d}{dx}[U.\alpha+V.\beta+W.\gamma], \\ \mathfrak{Q} = \alpha\left(\frac{dV}{dx}-\frac{dU}{dy}\right)+\gamma\left(\frac{dV}{dz}-\frac{dW}{dy}\right)+\frac{d}{dy}[U.\alpha+V.\beta+W.\gamma], \\ \mathfrak{R} = \alpha\left(\frac{dW}{dx}-\frac{dU}{dz}\right)+\beta\left(\frac{dW}{dy}-\frac{dV}{dz}\right)+\frac{d}{dz}[U.\alpha+V.\beta+W.\gamma]. \end{cases}$$

Damit die hier vorgenommene partielle Integration ausführbar sei, muss wieder vorausgesetzt werden, dass die Grössen $U\alpha$, $V\beta$ und $W\gamma$ continuirliche Functionen der Coordinaten seien. In dieser Beziehung müssen also Gleitstellen bei Berechnung der elektromotorischen Kräfte ebenso behandelt werden, wie bei Berechnung der ponderomotorischen Kräfte in §. 17 geschehen ist. Die Grösse Φ_0 ist (wie die in (1^a.) und (1^b.) des §. 2 meiner ersten Abhandlung für U, V, W gegebenen Ausdrücke zeigen,

$$U = \iiint\left\{\frac{u_1}{r}+\frac{1-k}{2}\cdot\left[u_1\cdot\frac{d^2r}{dx.d\xi}+v_1\cdot\frac{d^2r}{dx.d\eta}+w_1\cdot\frac{d^2r}{dx.d\zeta}\right]\right\}d\xi.d\eta.d\zeta,$$

wo u_1, v_1, w_1 die Werthe von u, v, w im Punkte ξ, η, ζ sind) eine vollkommen symmetrisch gebaute Function der Werthe u, v, w in x, y, z und der Werthe u_1, v_1, w_1 in ξ, η, ζ, und jedes Raumelement kommt darin einmal als influirtes in $dx.dy.dz$ und einmal als influirendes in $d\xi.d\eta.d\zeta$ vor; da demnach jedes Paar doppelt vorkommt, so ist der Factor $\frac{1}{2}$ vorgesetzt. Die Aenderung von Φ_0 wird also ganz gefunden, wenn wir jedes Leiterelement, sofern es als influirendes in ξ, η, ζ vorkommt, sich nach Lage und Stromintensität ändern, sofern es als influirtes in x, y, z vorkommt, unverändert beharren lassen und den Factor $\frac{1}{2}$ beseitigen. Dies giebt

$$(6^h.)\qquad \frac{d\Phi_0}{dt} = A^2\iiint\left[u\cdot\frac{dU}{dt}+v\cdot\frac{dV}{dt}+w\cdot\frac{dW}{dt}\right]dx.dy.dz.$$

Setzt man in Gleichung (6^e.) die Werthe aus (6^b.), (6^f.), (6^g.) und (6^h.), so erhält man

$$(6^i.)\qquad \begin{cases} 0 = \iiint\left\{u.\left[\mathfrak{X}+A^2.\mathfrak{P}+A^2\cdot\frac{dU}{dt}\right]+v.\left[\mathfrak{Y}+A^2.\mathfrak{Q}+A^2\cdot\frac{dV}{dt}\right]\right.\\ \qquad\left.+w.\left[\mathfrak{Z}+A^2.\mathfrak{R}+A^2\cdot\frac{dW}{dt}\right]\right\}\cdot dx.dy.dz. \end{cases}$$

Diese Gleichung ist durch die oben in (5^d.) gegebenen Werthe von $\mathfrak{X}$, $\mathfrak{Y}$, $\mathfrak{Z}$ wirklich erfüllt, und somit den Forderungen des Gesetzes von der Erhaltung der Energie Genüge geleistet.

Wir haben noch den Fall zu besprechen, dass ein Magnet sich relativ zum Strome bewege, sei es ein permanenter, sei es einer der durch die Einwirkung elektromagnetischer Kräfte aus einer magnetisirbaren Substanz erst gebildet wird. Wir wollen der einfacheren Darstellung wegen annehmen, die magnetische Substanz selbst sei nichtleitend für die Elektricität. Die Fälle der Anwendung werden dadurch nicht eingeschränkt. Denn in leitenden magnetischen Substanzen würde man sich die Elementarmagnete nur mit leitenden Hüllen umgeben zu denken und die in diesen inducirten Ströme dem System der übrigen vorhandenen elektrischen Ströme zuzurechnen brauchen. Nun ist bekannt, dass die ponderomotorischen und inducirenden Fernwirkungen eines jeden Elementarmagneten in der magnetisirten Masse genau dieselben sein würden, wenn an Stelle des kleinen Magneten ein elektrischer Kreisstrom gesetzt würde, dessen Intensität multiplicirt mit der Fläche, die er umfliesst, gleich dem magnetischen Momente des Elementarmagneten ist.

Nehmen wir an, dass diese Kreisströme existirten an Stelle der

Elementarmagneten, und dass in jedem von ihnen fortdauernd eine elektromotorische (etwa hydroelektrische) Kraft wirksam gehalten würde, welche genau der zu der betreffenden Zeit und an dem betreffenden Orte eintretenden Magnetisirung entspräche, so würden die sämmtlichen Theile der ponderomotorischen Arbeit genau dieselben sein, wie für die magnetische Substanz, und die inducirenden Wirkungen in den sämmtlichen elektrischen Leitern ebenfalls. Dagegen würde in den hypothetischen Kreisströmen noch hinzukommen die chemische und thermische Arbeit dieser Ströme selbst und die inducirten elektromotorischen Kräfte in ihren Bahnen; wegfallen würde die Arbeit der Magnetisirung der Elementarmagnete. In dem hypothetischen Systeme, welches statt der Magnete nur Ströme enthält, wäre nach dem von uns geführten Beweise das Gesetz von der Constanz der Energie gültig. Es fragt sich also nur, ob diejenigen Antheile der hier betrachteten Arbeitsgrössen, die auf die Kreisströme fallen, durch die auf die Elementarmagnete fallenden ersetzt werden können. Wenn in einem solchen Kreisstrom zur Zeit keine inducirte elektromotorische Kraft wirkt, so wird die in ihm geleistete thermische Arbeit ein genaues Aequivalent der in ihm verbrauchten chemischen Energie sein, und beide sich gegenseitig in der Berechnung aufheben. Wenn aber die elektromotorische Kraft $\mathfrak{R}$ inducirt wird, und die Stromstärke i herrscht, so wird die Wärmeentwickelung $i\mathfrak{R}dt$ während des Zeittheilchens dt stattfinden, welche nicht durch die in dem Kreisstrome selbst wirkenden Arbeitsäquivalente gedeckt wird. Nennen wir andererseits die zur entsprechenden Magnetisirung erforderliche Arbeit S, so würde $\frac{dS}{dt}\cdot dt$ die in demselben Theilchen aufgewendete Arbeit sein, wenn der Kreisstrom durch den Elementarmagneten ersetzt würde. Wir würden also für jeden einzelnen Kreisstrom haben müssen

$$\mathfrak{R}.i = \frac{dS}{dt},$$

da jeder einzelne Kreisstrom durch seinen Elementarmagneten müsste ersetzt werden können. Nun ist aber i dem magnetischen Momente proportional, und dieses ist eine Function der magnetisirenden Kraft, die wir mit σ bezeichnen wollen. Das magnetische Moment des betreffenden Elementarmagneten sei φ_σ, und $d\omega$ die Fläche des Kreisstroms, so ist

$$i.d\omega = \varphi_\sigma.$$

Andererseits ist die inducirte Kraft $\mathfrak{R}$ nach dem am Schluss von §. 18 gegebenen Nachweise bestimmt durch die Gleichung

$$\mathfrak{R} = \frac{d\sigma}{dt} \cdot d\omega.$$

Die obige Bedingungsgleichung wird also

$$\varphi_\sigma \cdot \frac{d\sigma}{dt} = \frac{dS}{dt}.$$

Da wir nun über S im Allgemeinen nichts weiter wissen, als dass es eine Function der Magnetisirungsstärke φ_σ, also auch eine Function von σ ist, so entspricht die letzte Gleichung dieser Anforderung, wenn wir setzen

$$S = \int_0^\sigma \varphi . d\sigma.$$

Bei permanenten Magneten würden S, σ und φ gleich Constanten zu setzen sein.

Bei magnetischen Substanzen mit Coërcitivkraft geht beim Magnetisiren und Entmagnetisiren Arbeit verloren, deren Aequivalent sich wahrscheinlich als neu entwickelte Wärme in den Magneten vorfinden wird.

§. 20. Das Inductionsgesetz unter Voraussetzung ausschliesslicher Gültigkeit des *Ampère*schen Gesetzes.

Es bleibt noch die Frage übrig, ob nicht noch andere Gesetze der ponderomotorischen und durch Bewegung inducirten elektromotorischen Kräfte bestehen könnten, welche dem Gesetz von der Erhaltung der Kraft genügen, ohne dass dabei die Wirkung geschlossener Ströme auf geschlossene, deren Uebereinstimmung mit dem Potentialgesetz durch die Versuche genügend festgestellt erscheint, verändert würde, und ohne dass die Analogie zwischen permanenten Magneten und geschlossenen Strömen in Bezug auf ihre elektrodynamische Wirkung dabei aufgehoben würde.

Die Gleichung (6^b.), welche das Gesetz von der Erhaltung der Kraft ausdrückt, reducirt sich für zwei lineare Leiterstücke offenbar auf die Gleichung (4^c.).

Bezeichnen wir also wie dort die inducirte elektromotorische Kraft, welche das Leiterstück $D\sigma$ in Ds hervorbringt, mit $\mathfrak{R}.Ds.D\sigma$, diejenige dagegen, welche Ds in $D\sigma$ hervorbringt, mit $\mathfrak{R}_1.D\sigma.Ds$ und die Arbeit, welche bei der Bewegung beider geleistet wird, mit $\partial\mathfrak{W}.Ds.D\sigma$, die actuelle Energie der elektrischen Bewegungen mit $P.Ds.D\sigma$, so muss sein

$$(4^c.)\qquad \delta P = i.\mathfrak{R}.\delta t + j.\mathfrak{R}_1.\delta t + \delta\mathfrak{W}.$$

Der Werth von P ist bestimmt durch die Energie, welche die in Ds und $D\sigma$ bestehenden Stromstärken durch die beim Schwinden ihrer Strömungen inducirten Ströme bei gegenseitiger Einwirkung noch hervorbringen können. Die allgemeine Form von P ist schon in meinem ersten Aufsatze (Bd. 72) discutirt worden. Zu P haben wir also keine Zusätze mehr zu machen; es enthält schon die bis jetzt unbestimmte Constante k. Die Zusätze zu $\mathfrak{R}$, $\mathfrak{R}_1$ und $\mathfrak{W}$, wollen wir beziehlich mit $j\mathfrak{r}$, $i\mathfrak{r}_1$ und $ij.\mathfrak{w}$ bezeichnen. Unsere Gleichung (4^c.) ergiebt alsdann

$$(7.)\qquad 0 = \mathfrak{r}.\delta t + \mathfrak{r}_1.\delta t + \delta\mathfrak{w}.$$

Diese Gleichung muss ungestört bleiben, wenn der Leiter s eine geschlossene Curve bildet, und seine Fernwirkung durch einen permanenten Magneten ersetzt wird. In einem solchen fällt die elektromotorische Kraft $\mathfrak{r}$ fort, während $\mathfrak{r}_1$ und $\mathfrak{w}$ unverändert bleiben. Daraus ergiebt sich, dass

$$\int \mathfrak{r}_1.Ds = 0,$$

so oft es über einen geschlossenen Stromkreis genommen wird.

Einen solchen stellen wir her, wenn wir irgend zwei lineare Leiter s_1 und s_2 so zusammenlegen, dass ihre Endpunkte a und b zusammenfallen, und ein Strom von derselben Intensität i in s_1 von a nach b, in s_2 von b nach a fliesst.

Daraus folgt, dass die elektromotorische Zusatzkraft $\int_a^b \mathfrak{r}.Ds$ in der Richtung von a nach b wirkend für beide die gleiche sein muss, wenn ihre Endpunkte zusammenfallen, wie auch übrigens der Verlauf der beiden Curven s_1 und s_2 sein mag, und dass also die Grösse dieser Zusatzkraft in einem ungeschlossenen linearen Leiter allein von der Lage und den Bewegungen seiner Endpunkte abhängt. Ferner, dass sie gleich Null ist, wenn diese Endpunkte unveränderte relative Lage gegen alle Theile des Leiters σ behalten, weil dann auch der Leiter s_2 als vollkommen ruhend gegen σ gewählt werden könnte, und unter diesen Umständen in ihm keine Induction vorginge.

Da nun der Werth der gesammten elektromotorischen Kraft in s durch eine Integration über die Längenelemente Ds gefunden wird, so muss der Werth dieses Integrals nur von der Lage der Endpunkte von s abhängen, nicht von dem Verlauf der Curve zwischen diesen Endpunkten, das heisst die zu integrirende Function muss der nach s genommene Differentialquotient einer Function Φ sein, die nur von der relativen Lage der einzelnen Punkte von s gegen die Elemente $d\sigma$ abhängt. Da bei der Lagenänderung Aenderungen in der Länge von σ vorkommen können, so ist es zweckmässiger, wie in §. 15, die einzelnen Punkte von s und σ wieder durch zwei bei der Bewegung unverändert bleibende Parameter p und ϖ zu bestimmen. Wir werden dann zu setzen haben

$$(7^a.)\qquad \mathfrak{r}.Ds.D\sigma = \mathfrak{r}\cdot\frac{ds}{dp}\cdot\frac{d\sigma}{d\varpi}\cdot Dp.D\varpi = \frac{d\Phi}{dp}\cdot Dp.D\varpi.$$

Die relative Lage von $D\sigma$ gegen einen Punkt von s ist gegeben, wenn die drei Seiten des Dreiecks zwischen diesem Punkte und den Endpunkten von $D\sigma$ gegeben sind. Diese sind:

$$r,\quad r+\frac{dr}{d\varpi}\cdot D\varpi,\quad \frac{d\sigma}{d\varpi}\cdot D\varpi.$$

Es muss also $\Phi.D\varpi$ eine Function dieser Grössen und ihrer Aenderungen sein, und zwar linear nach den letzteren, und selbst proportional $D\varpi$; es wird also von der Form sein:

$$(7^b.)\qquad \Phi.D\varpi = \varphi\cdot\frac{d\sigma}{d\varpi}\cdot\delta r\cdot D\varpi+\psi\cdot\delta\left(\frac{dr}{d\varpi}\right)\cdot D\varpi+\chi\cdot\delta\left(\frac{d\sigma}{d\varpi}\right)\cdot D\varpi.$$

Hierin können φ, ψ, χ Functionen sein von r und $\frac{dr}{d\sigma}$, da nur noch solche Verbindungen der Seiten des oben genannten Dreiecks vorkommen dürfen, deren Werthe frei von $D\varpi$ sind.

Wenn ψ nur von r abhängig ist, nicht von $\frac{dr}{d\sigma}$, wenn ferner f und g Functionen von r bezeichnen und

$$(7^c.)\qquad \begin{cases} \varphi = f(r)\cdot\dfrac{dr}{d\sigma}, \\ \chi = g(r)\cdot\dfrac{dr}{d\sigma}, \end{cases}$$

so hätte jedes Glied in dem Werthe von $j.\Phi$ entweder den Factor

$$j\cdot\frac{dr}{d\sigma} = -j.\cos[r, D\sigma]$$

oder

$$j.\delta\left(\frac{dr}{d\sigma}\right) = -j.\delta\cos[r, D\sigma].$$

Es käme also von der Strömung j, die nach $D\sigma$ gerichtet ist, nur die in Richtung von r fallende Componente in Betracht. Da nun diese Projection gleich der Summe der Projectionen der nach beliebigen Richtungen genommenen Componenten von j ist, so kann in diesem Falle j in dem Leiterelement ersetzt werden durch eine beliebige Anzahl beliebig gerichteter Componenten, deren Resultante gleich j ist. Dies kann aber nicht geschehen, wenn φ, ψ und χ eine andere Art der Abhängigkeit von $\frac{dr}{d\sigma}$ hätten. Unter der genannten Annahme, deren Wahrscheinlichkeit wohl als sehr gross bezeichnet werden kann, und die auch von Herrn *C. Neumann* seinen Deductionen zu Grunde gelegt wurde, würden also die Gleichungen (7^a.) bis (7^c.) die allgemeinste Form des Werthes von $\mathfrak{r}$ geben *).

Für die speciellere Aufgabe jedoch eine Form des Inductionsgesetzes zu finden, welche unter Voraussetzung des *Ampère*schen Gesetzes für die ponderomotorischen Kräfte, mit Ausschluss der auf die Enden der Leiter wirkenden Kräfte, giltig ist, genügt die Form (7^b.). Zunächst werden wir aus denselben Gründen für die in dem Leiter σ inducirte elektromotorische Kraft $\mathfrak{r}_1$ analoge Ausdrücke aufstellen dürfen

$$(7^d.)\qquad \mathfrak{r}_1 . Ds . D\sigma = \frac{d\Phi_1}{d\varpi} . Dp . D\varpi$$

und

$$(7^e.)\qquad \Phi_1 = \varphi_1 . \frac{ds}{dp} . \delta r + \psi_1 . \delta\left(\frac{dr}{dp}\right) + \chi_1 . \delta\left(\frac{ds}{dp}\right),$$

worin φ_1, ψ_1 und χ_1 Functionen von r und $\frac{dr}{ds}$ sein müssen. Benutzen wir dann die Gleichung (7.)

$$(7.)\qquad \delta\mathfrak{w} = -(\mathfrak{r}+\mathfrak{r}_1)\delta t,$$

so erhalten wir durch Integration über die Längen der beiden Leiter s und σ

---

*) Die hier gemachte Annahme verbunden mit der, dass das Potential zweier Leiter mit der Formel von Herrn *Neumann* senior übereinstimmen müsse, wenn *beide* geschlossen sind, genügt die im 72. Bde. dieses Journals in §. 1 meiner Arbeit ausgeführte Verallgemeinerung der Potentialformel zu rechtfertigen, an Stelle der dort gemachten Voraussetzung, dass die Uebereinstimmung stattfinden müsse, wenn auch nur *einer von beiden Leitern* geschlossen sei, deren experimentelle Begründung zur Zeit vielleicht zu mangelhaft erscheinen könnte.

mit ähnlicher Bezeichnung, wie in §. 15:

$$(7'.)\quad \begin{cases} i.j.\iint \delta \mathfrak{w}.Ds.D\sigma = -\Sigma\Sigma\left[\frac{de}{dt}\cdot\frac{d\varepsilon}{dt}\cdot(\psi+\psi_1)\delta r\right] \\ \qquad -\Sigma\int\left[j\cdot\frac{de}{dt}\cdot\left(\varphi-\frac{d\psi}{d\varpi}\right)\delta r.D\varpi\right] \\ \qquad -\Sigma\int\left[i\cdot\frac{d\varepsilon}{dt}\cdot\left(\varphi_1-\frac{d\psi_1}{dp}\right)\delta r.Dp\right] \\ \qquad -\Sigma\int\left[j\cdot\frac{de}{dt}\cdot\chi\cdot\frac{d\delta\sigma}{d\varpi}\cdot D\varpi\right] \\ \qquad -\Sigma\int\left[i\cdot\frac{d\varepsilon}{dt}\cdot\chi_1\cdot\frac{d\delta s}{dp}\cdot Dp\right]. \end{cases}$$

Die Summen sind hier für die einzelnen Stromenden zu nehmen. Die drei ersten Glieder dieses Ausdrucks entsprechen anziehenden oder abstossenden Kräften zwischen je zwei Stromenden, oder zwischen Stromenden und Stromelementen, wie wir dergleichen ähnlich aus dem Potentialgesetze hergeleitet haben. Die beiden letzten Glieder geben Kräftepaare, welche die Stromelemente zu dehnen und zu verkürzen streben, und in den Kräften des Potentialgesetzes kein Analogon finden. Es lassen sich daher die sechs noch unbekannten Functionen φ, ψ, χ, φ_1, ψ_1, χ_1 so bestimmen, dass die Kräfte, welche von den Stromenden ausgehen, gleich Null werden. Zu dem Ende müssen wir setzen

$$(8.)\quad \begin{cases} \chi = \chi_1 = 0, \\ \psi+\psi_1 = -\frac{1+k}{2}\cdot A^2, \\ \varphi = -\frac{1}{r}\cdot\frac{dr}{d\varpi}\cdot A^2, \\ \varphi_1 = -\frac{1}{r}\cdot\frac{dr}{dp}\cdot A^2. \end{cases}$$

Die obige Gleichung (4^a.) für den Werth der nach dem Potentialgesetz inducirten Kraft lässt sich schreiben

$$\mathfrak{R}\cdot\frac{ds}{dp}\cdot\frac{d\sigma}{d\varpi}\cdot\delta t = A^2\delta\left\{j\cdot\left(\frac{1}{r}\cdot\frac{dr}{dp}\cdot\frac{dr}{d\varpi}+\frac{1+k}{2}\cdot\frac{d^2r}{dp.d\varpi}\right)\right\},$$

und es wird also die gesammte Inductionskraft, welche das Element $D\sigma$ auf Ds ausübt, *wenn nur die Ampèreschen Kräfte als ponderomotorische existiren:*

$$(8^a.)\quad \begin{cases} (\mathfrak{R}+j.\mathfrak{r})Ds.D\sigma.\delta t = A^2\left(\frac{1}{r}\cdot\frac{dr}{dp}\cdot\frac{dr}{d\varpi}+\frac{1+k}{2}\cdot\frac{d^2r}{dp.d\varpi}\right)\cdot\delta j.Dp.D\varpi \\ \qquad +A^2j\cdot\left[\frac{1+k}{4}\cdot\frac{d^2(\delta r)}{dp.d\varpi}+\frac{1}{r}\cdot\frac{dr}{dp}\cdot\frac{d(\delta r)}{d\varpi}-\frac{\delta r}{r}\cdot\frac{d^2r}{dp.d\varpi}\right]Dp.D\varpi. \end{cases}$$

Der erste mit δj multiplicirte Theil dieses Ausdrucks giebt die von der Stromesschwankung herrührende Induction, der zweite Theil dagegen die von der Bewegung herrührende. Wenn wir berücksichtigen, dass

$$Dp.D\varpi.\delta\left[\frac{d^2r}{dp.d\varpi}\right] = \delta\left[\frac{d^2r}{ds.d\sigma}\cdot Ds.D\sigma\right],$$

$$\frac{dr}{dp}\cdot Dp.D\varpi.\delta\left[\frac{dr}{d\varpi}\right] = \frac{dr}{ds}\cdot\delta\left[\frac{dr}{d\sigma}\cdot D\sigma\right].Ds,$$

so ergiebt sich der Werth der durch Bewegung inducirten elektromotorischen Kraft P im Elemente Ds gleich

$$(8^b.)\quad \left\{\begin{aligned} P.Ds.D\sigma.\delta t = A^2.j\Big\{ & -\frac{1}{r}\cdot\cos\vartheta.\delta[\cos\vartheta_1.D\sigma]Ds \\ & -\frac{\delta r}{r^2}[\cos\vartheta.\cos\vartheta_1-\cos\varepsilon]Ds.D\sigma \\ & +\frac{1+k}{4}\delta\left[\frac{1}{r}\cdot(\cos\vartheta.\cos\vartheta_1-\cos\varepsilon)Ds.D\sigma\right]\Big\}. \end{aligned}\right.$$

Dieser Ausdruck verwandelt sich in den von Herrn *C. Neumann* gefundenen, wenn man $k=-1$ setzt, welche Annahme übrigens nach den in meinem früheren Aufsatze im 72. Bande gemachten Auseinandersetzungen unzulässig ist, da die Stabilität des Gleichgewichts der ruhenden Elektricität fordert, dass k keinen negativen Werth habe. Der hier gefundene Werth der inducirten elektromotorischen Kraft genügt übrigens, wie ich schon in der Einleitung bemerkt habe, den sämmtlichen von Herrn *C. Neumann* an die Spitze seiner Deduction (Abh. der Kön. Sächs. Ges. d. Wiss. Bd. X. S. 419 u. 420, sowie S. 468–470) gestellten Forderungen. Er genügt aber nicht der Annahme, die derselbe auf Seite 481 und 482 seiner Arbeit eingeführt hat, wonach die Verlängerung eines Stromelements in der Weise inducirend wirken soll, als wenn in dem hinzukommenden Theile seiner Länge der Strom neu einsetzte, und die Induction nach dem Gesetze der durch Aenderungen der Intensität inducirten Ströme geschähe.

Ich habe in der vorliegenden Entwickelung keine einschränkende Hypothese über die Art, wie Verlängerung der Stromelemente wirkt, gemacht. Deshalb ist die Constante k mit unbestimmtem Werthe stehen geblieben, und es geht daher aus dieser Untersuchung hervor, dass das *Ampère*sche Gesetz der ponderomotorischen Kräfte in der That mit dem Gesetz von der Erhaltung der Kraft, wie mit der Stabilität des elektrischen Gleichgewichts vereinbar wäre. Aber freilich wird eine solche elektrodynamische Theorie viel complicirter, als die auf das einfache Potentialgesetz gegründete. Die Entscheidung kann also nur durch Versuche, nicht durch theoretische Betrachtungen gewonnen werden.

Der erwähnte Unterschied zwischen der Induction durch Stromsteigerung und der durch Bewegung bei Verlängerung eines Elementes hängt in dem von uns gegebenen Ausdrucke davon ab, dass das mit $1+k$ multiplicirte Glied im ersteren Fall die Factoren $\frac{1}{2}.Ds.D\sigma.\delta j$, im letzteren aber $\frac{1}{2}j\delta(Ds.D\sigma)$ enthält.

Zu bemerken ist noch, dass, wenn wir $k=-1$ setzen, nach den hier entwickelten Formeln sich ergiebt

$$(\mathfrak{R}+\mathfrak{r})Ds.D\sigma.\delta t = -A^2\cdot\frac{\cos\vartheta}{r^2}\cdot Ds.\delta[j.r\cos\vartheta_1.D\sigma]$$
$$+A^2.j.\cos\varepsilon\cdot\frac{\delta r}{r^2}\cdot Ds.D\sigma,$$

während nach der von Herrn *C. Neumann* l. c. auf S. 503, Gleichung (132.) gegebenen Formulirung das $D\sigma$ aus der mit δ behafteten Parenthese herausbleiben würde. Die letztere Formulirung nimmt keine Rücksicht auf Induction durch Verlängerung der Leiterelemente. Wenn sie diese nähme, so würde der letzterwähnte Unterschied verschwinden, falls ich den Sinn der *Neumann*schen Deduction richtig verstehe.

Endlich ist hier noch zu bemerken, dass in dem mit dem Factor $1-k$ behafteten Gliede bei allen diesen Entwickelungen statt $\frac{d^2r}{ds.d\sigma}$ auch $\frac{d^2\varphi(r)}{ds.d\sigma}$ gesetzt werden könnte, worin φ irgend eine eindeutige und continuirliche Function von r bedeutet. Diese ist in meinem Aufsatze im 72. Bande dieses Journals nur deshalb gleich r gesetzt worden, weil es wahrscheinlich erschien, dass die noch unbekannten Theile der Wirkung eines Stromelements dasselbe Gesetz der Wirkung in die Ferne zeigen würden, wie die bekannten. Dabei wäre aber noch besonders zu untersuchen, ob ein solches φ geeignet wäre, den Bedingungen der Stabilität des Gleichgewichts zu genügen.

Was die möglicher Weise experimentell zu beobachtenden Unterschiede zwischen den beiden Inductionsgesetzen betrifft, die aus dem Potentialgesetze einerseits und aus dem *Ampère*schen andererseits folgen, so zeigt unsere Darstellung, dass die in geschlossenen Kreisen inducirten Kräfte überhaupt keinen Unterschied zeigen werden, sondern nur die in geöffneten Kreisen. In letzteren werden verhältnissmässig die stärksten Wirkungen hervorzubringen sein, wenn der inducirende Kreis σ geschlossen ist. Er kann dann viele Windungen haben, oder durch starke Magnete ersetzt werden. In diesem Falle fällt das mit dem Factor $1+k$ behaftete Glied durch die Integration über den Leiter σ aus, und der Unterschied zwischen beiden Gesetzen reducirt sich auf das Glied

$$j\mathfrak{r}\,.\,\delta t = -A^2.j\cdot\frac{d}{ds}\left[\delta r\cdot\frac{1}{r}\cdot\frac{dr}{d\sigma}\right].$$

Bezeichnen wir die Längenelemente der Linien, in denen sich die Endpunkte des Leiters s bewegen, für den höchsten und niedersten Werth von s beziehlich mit $d\varrho_1$ und $d\varrho_2$, so können wir setzen

$$\delta r = \frac{dr}{d\varrho_1}\cdot\delta\varrho_1, \quad \text{beziehlich} \quad \delta r = \frac{dr}{d\varrho_2}\cdot\delta\varrho_2.$$

Dann wird

$$\delta t\int j\mathfrak{r}\,.\,ds = A^2.j\left[\delta\varrho_2\cdot\frac{1}{r}\cdot\frac{dr}{d\sigma}\cdot\frac{dr}{d\varrho_2} - \delta\varrho_1\cdot\frac{1}{r}\cdot\frac{dr}{d\sigma}\cdot\frac{dr}{d\varrho_1}\right],$$

worin für r und $\frac{dr}{d\sigma}$ die den entsprechenden Endpunkten des Leiters zugehörigen Werthe zu nehmen sind.

Die nach dem Potentialgesetz stattfindende elektrodynamische Kraft reducirt sich dagegen bei geschlossenem σ auf

$$\delta t\int \mathfrak{R}\,.\,ds = A^2.j.\delta\int\left[\frac{1}{r}\cdot\frac{dr}{ds}\cdot\frac{dr}{d\sigma}\right]ds.$$

Denken wir uns also einen Stromkreis ϱ zusammengesetzt aus

1) der zweiten Lage von s, positiv durchlaufen,

2) der Bahn $d\varrho_1$ des oberen Endpunktes von s, gegen die Richtung der Bewegung durchlaufen,

3) der ersten Lage von s, negativ durchlaufen,

4) der Bahn $d\varrho_2$ des unteren Endpunktes von s, in Richtung der Bewegung durchlaufen,

so würde die vom Element $j.d\sigma$ inducirte Kraft nach dem *Ampère*schen Gesetze sein müssen

$$\delta t\int(\mathfrak{R}+\mathfrak{r})\,ds = A^2.j\int\frac{1}{r}\cdot\frac{dr}{d\sigma}\cdot\frac{dr}{d\varrho}\,d\varrho.$$

Das wäre gleich der elektromotorischen Kraft, die der Strom j beim Entstehen in dem ganzen beschriebenen Umkreise ϱ erzeugen würde.

Diese Formulirung hatte Herr *Neumann* senior *) *vor* der Aufstellung des Potentialgesetzes aus dem *Ampère*schen Gesetze abgeleitet.

Wenn das Potentialgesetz gilt, fallen dagegen diejenigen Theile des letzten Integrals fort, welche sich nicht auf die beiden Lagen des Leiters *s*, sondern auf die Bahn seiner Endpunkte beziehen.

Denken wir uns eine drehrunde Metallscheibe, schnell um ihre Axe rotirend, und von magnetischen Kraftlinien durchzogen, die der Axe parallel, und rings um die Axe symmetrisch vertheilt sind, so wird der Rand der Scheibe nach dem *Ampère*schen Gesetze elektrisch werden, nach dem Potentialgesetze nicht.

*) Allgemeine Gesetze der inducirten elektrischen Ströme. Abhandl. d. Berliner Akademie d. Wiss. 1845.

Berlin, im April 1874.

www.ingramcontent.com/pod-product-compliance
Lightning Source LLC
Chambersburg PA
CBHW022023190326
41519CB00010B/1575
* 9 7 8 3 7 4 1 1 5 8 0 3 2 *